KB018600

우리 고양이는 만수무강 체질

집사라면
꼭 알아야 할
한방 홈케어

우리 고양이는 만수무강 체질

야마우치 아키코 지음 | 최미혜 옮김 | 신사경 감수

이덴슬리벨

감수의 말

의학의 발달로 사람뿐만 아니라 고양이도 점차 노령화를 맞이하고 있습니다. 삶의 질에 대한 관심이 나날이 높아지고 있는 가운데, 건강한 삶을 유지하며, 평온한 마지막을 기대할 수 있는 동양의학의 지혜와 집사라면 누구나 손쉽게 할 수 있는 홈케어법을 알려주는 아주 유익한 책이 출간되어 집사님들께 소개해 드리려고 합니다.

동양의학을 바탕으로 고양이를 7가지 체질 유형으로 분류하고 체질별로 생활 환경, 마사지법, 추천 식재료 등 집사님들이 할 수 있는 홈케어 방법을 이해하기 쉽게 설명하는 우리 고

양이의 건강을 증진하여 집사와 행복하게 오래 함께하기를 바라는 고양이 건강 백서입니다.

한방치료를 전문적으로 해온 제 경험을 토대로 말씀 드리면, 동양의학을 바탕으로 한 홈케어 마사지는 스트레스에 약한 고양이에게 심신의 부담이 적어 고양이의 건강에도 좋고 집사와의 교감에도 큰 도움이 됩니다. 마사지를 통해 고양이가 불편한 곳을 집사가 미리 알아채고 하루빨리 맞춤 한방 홈케어를 시작한다면, 사랑하는 고양이와 함께 오래도록 건강하고 행복하게 같이 할 수 있습니다.

양방의학과 더불어 고양이가 가진 신비한 능력을 최대한 이끌어 낼 수 있는 동양의학이 고양이의 건강 증진에 도움을 주는 첫걸음이 되기를 바랍니다. 우리나라에도 행복한 장수 고양이들이 더 많아지기를 기원합니다.

신사경(VIP 한방재활의학센터 원장, 한방 수의사)

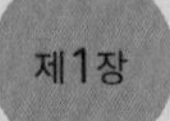

우리 고양이는 더 오래 살 수 있다

제2장

고양이의 일곱 가지 체질

제3장

가정 케어로 고양이의 건강과 장수를 서포트한다

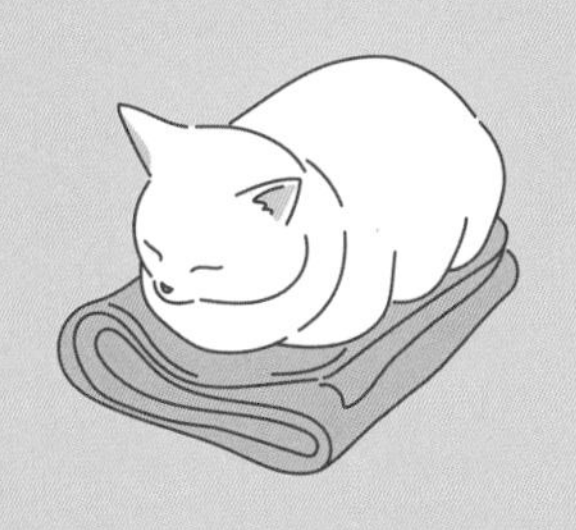

제4장

고양이의 생명력을 기르는 동양의학의 지혜

고양이와 행복하게 살아가기

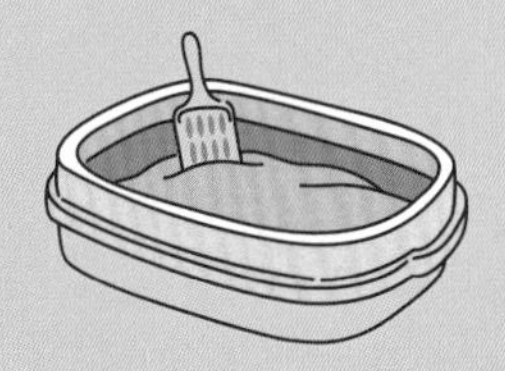

제1장

우리 고양이는 더 오래 살 수 있다

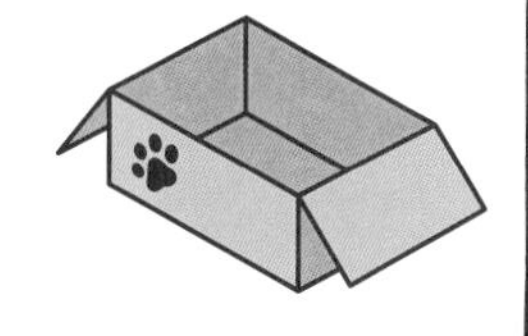

고양이가 가진 생명력을 키운다

고양이는 이렇게 나이를 먹는다

"우리 고양이는 여섯 살인데, 사람 나이로는 몇 살일까요?"
"열 살 된 고양이는 시니어기인가요?"

고양이 나이에 관한 질문을 자주 받습니다. 16쪽의 표에서 볼 수 있듯, 고양이의 6세는 인간의 40세에 해당하며 왕성한 활동을 하는 나이입니다. 10세라면 인간의 56세로, 시니어기

에 들어가기 직전이지요. 젊음은 빛을 잃어가지만, 질병이 없다면 충분한 활동력을 가지고 건강하게 지내는 시기입니다. 고양이는 태어난 지 1년이 지나면 인간의 스무 살 정도로 급성장해서 새끼를 낳을 수 있습니다. 그 후 나이를 먹는 속도가 둔화되어 고양이의 1년은 인간의 4년에 해당되지요.

고양이가 젊음을 유지하는 기간은 대략 7세 정도까지라고 할 수 있습니다. 인간이라면 장년기에 접어드는 40대 무렵이지요. 인간의 40대는 왕성한 사회생활을 하는 나이로 개인에 따라 30대 안팎으로 보일 수도 있습니다. 그러다가 50대부터 남녀 할 것 없이, 체형이나 피부와 같은 외적인 모습뿐만 아니라 순발력이나 행동 면에서 나이 듦이 묻어나오지요. 고양이도 똑같습니다. 젊을 때는 호기심이 왕성해서 활발하게 돌아다니던 고양이들도 4~5세가 되면 차분해지기 시작합니다. 인간의 50세 전후에 해당되는 8~10세에는 시니어기 전 단계에 들어서서 상당한 여유가 생겨납니다.

10세가 지나면 대부분의 고양이는 '시니어 부대' 대열에 합류합니다. 다만 8~10세의 시니어기 전 단계에는 개체차가 나타납니다. 이 시기는 피곤한 얼굴을 띠며 얌전해지는 고양이

고양이의 나이와 세 개의 벽

고양이	1세	2세	3세	4세	5세
사람	20세	24세	28세	32세	36세
		장년기	예비 시니어기		
고양이	6세	7세	8세	9세	10세
사람	40세	44세	48세	52세	56세
	시니어기				
고양이	11세	12세	13세	14세	15세
사람	60세	64세	68세	72세	76세
	시니어기				
고양이	16세	17세	18세	19세	20세
사람	80세	84세	88세	92세	96세
	시니어기				
고양이	21세	22세	23세	24세	25세
사람	100세	104세	108세	112세	116세

도 있고, 활력이 넘쳐 4~5세 같아 보이는 고양이도 있습니다. 예비 시니어기에는 고양이와 인간 모두 건강 상태를 일률적으로 추측할 수 없습니다.

고양이는 인간과 달리 이상 증상이나 신체의 변화를 말로

표현할 수 없으므로, 오래도록 건강하게 지낼 수 있게 하려면 집사의 관찰력이 필요합니다. 집고양이의 평균 수명은 15년 정도라고 보는데, 10세 전후의 시니어기부터 주의를 기울인다면 큰 병치레 없이 오래도록 함께 할 수 있습니다.

시니어기 고양이가 마주하는 세 개의 벽

지금까지 시니어기 고양이를 진료하면서 살펴본 결과에 따르면, 세 개의 '벽'이라고 일컫는 시기가 찾아옵니다.

'제1의 벽'은 12~13세쯤입니다. 연령은 어디까지나 개체차가 있기 때문에 기준에 지나지 않지만, 많은 고양이에게 하나 둘 이상 증상이 나타나는 시기입니다. 토하는 횟수가 늘거나 몸에 멍울이 생기는 등 전에 없이 병원에 다니는 일이 늘어납니다. 특히 중성화 수술을 하지 않은 고양이의 유선종양, 이른바 유방암의 발병률이 높아지므로, 조기에 발견할 수 있도록 신경 써야 합니다.

'제2의 벽'은 15세쯤으로, 체력이 저하되면서 신장에 이상이 생기거나 갑상선질환이 나타날 수 있습니다. 정기적으로 통원치료를 해야 할 일도 생깁니다.

이러한 고비를 넘고 나면 '제3의 벽'이 찾아옵니다. 18세쯤으로, 인간으로 말하면 88세 무렵부터 치매에 걸리거나 보행에 어려움을 겪는 등의 문제가 생깁니다.

세월의 흐름에 따라 나이를 먹고 질병을 맞닥뜨리는 일은 고양이와 인간 모두에게 어쩔 수 없는 일입니다. 하지만 시니어기 이후에 찾아오는 '벽'의 시기를 동양의학 지식을 활용해 잘 돌본다면, 병을 예방하고 체력을 증진시켜 얼마든지 대처할 수 있습니다. 벽을 잘 극복하면 여러분의 고양이와 20년이 넘도록 함께하는 일은 결코 꿈이 아닙니다.

오늘날 인간의 평균 수명은 100세가 머지않았습니다. 더 나아가 115세, 아니 120세라는 말도 있습니다. 고양이라면 25~26세 정도가 되겠지요. 고양이의 나이가 많다고 포기하지 마세요. 아직 할 수 있는 일은 많이 있답니다.

고양이에게는 신비한 생명력이 있다

집사라면 누구나 '사랑하는 고양이와 오래도록 함께하고 싶

다', '하루라도 더 건강하게 살았으면 좋겠다'라고 바랄 것입니다. 주로 실내에서 기르는 요즘에는 다행히 고양이의 수명이 길어지고 있습니다. 고양이들끼리 싸워서 병원균에 감염된다든지, 교통사고를 당하는 등의 위험이 줄어들었기 때문이지요.

고양이는 개에 비해 유전병이 적으며, 물과 식사 정도만 주의하면 그다지 무서운 질병도 없습니다. 고령이 될 때까지 병을 모르고 지내는 고양이도 많습니다. 식욕이 떨어지거나 다시 먹는 일을 반복하며 완벽에 가까운 상태는 아니더라도 초연히 생명을 유지하는 시니어 고양이들을 적잖이 보았습니다. 그만큼 고양이에게는 신비한 생명력이 있습니다.

고양이를 죽음에 이르게 하는 사인 1위는 신장병입니다. 혈액검사에서 이상 수치가 나와 '더는 오래가지 못할 것 같다'라는 진단을 받아도 몇 년 동안 버티며 삶을 이어가기도 합니다. 이 단계에서는 고양이가 지닌 생명력에 따라 그 양상이 다릅니다.

고양이의 수명은 체질 차이로 결정되는 비중이 크지만, 경험에 따르면 고양이들은 헤아릴 수 없는 힘을 가지고 있으며 어쩌면 개보다 훨씬 큰 힘을 가지고 있습니다.

가장 중요한 건 스트레스를 주지 않는 것

기본적으로 고양이는 집사가 열심히 돌보지 않아도 그런대로 자유롭게 지냅니다. 강한 생명력을 타고나서 조용히 장수하는 고양이도 많습니다. 사실 이런 고양이들의 집사는 아무것도 하지 않아도 됩니다. 오히려 이런저런 노력을 들이는 일이 고양이에게 부담을 줄 수도 있습니다. 생명력이 강한 고양이가 가만히 있을 때는 몸 상태가 좋지 않아 회복하려고 쉬고 있는 것이므로, 병원에 데려가며 소란을 떨기보다 가만히 쉬게 해주는 편이 좋을 때도 있습니다.

고양이는 호불호가 분명한 동물이고, 생명력은 강한 반면 스트레스에 취약하기 때문에 억지는 금물입니다. 병이 났을 때 동물병원에 가는 일 자체가 큰 스트레스가 되는 경우도 많습니다. 고양이에게 가장 중요한 건 스트레스를 주지 않는 것입니다. 무엇보다 고양이의 건강과 장수의 비결은 스트레스 없는 생활입니다.

고양이에게 집사는 '편안한 환경을 제공해주는 사람'

고양이는 어리광을 부린다 싶으면 갑자기 홱 하고 도망가거나, 간섭받는 걸 싫어하면서도 몸을 비비며 얼굴을 바싹 맞대기도 하며 인간의 생각대로 행동하지 않습니다. 집사 분들은 '그게 바로 고양이의 매력'이라고 입을 모아 말합니다. 한가로이 자고 있는 모습을 보며 위로받는 분들도 많겠지요.

고양이와 개는 선조가 같으며 분류상으로 같은 고양이과에 속한 동물입니다. 인기를 다투는 2대 반려동물이지만 성격과 특성은 전혀 다릅니다. 선조는 같을지라도 어떻게 적응하며 진화했는지에 따라 고양이와 개로 나뉜 것이죠. 사냥감을 잡는 습성이 강한 개들은 우두머리를 정하고 무리를 지어 활동하는 방식으로 진화했습니다.

한편, 단독으로 사냥을 하거나 활동하는 방식으로 진화한 동물이 고양이입니다. 그러므로 고양이는 우두머리를 따라야 한다는 인식이 기본적으로 약합니다. 이것이 고양이와 개 특성상 가장 큰 차이점입니다. 개는 견주에게 충실하고, 리더로 삼은 사람과 함께 활동하는 것을 무척 좋아하지만, 대다수 고양이는 그렇지 않습니다. 또한 고양이는 세력권 의식이 개보다 훨씬 강해서 자신의 영역에 들어오기를 원하지 않습니다. 물론 사람에게 의존성이 높아 갖가지 재주를 익히는 고양이도 있지만, 어디까지나 소수에 지나지 않습니다.

개들은 주인을 리더라고 인식하면, 본능적으로 주인의 지시에 따라 맞추려는 성질을 가지고 있습니다. 주종관계가 명확하기 때문에 주인의 뜻에 맞춰 자신의 행동을 수정하기 쉽습니다. 그래서 재주를 익히기도 하는 것입니다.

분명 고양이 중에도 주인을 위해 노력하는 아이도 있습니다. 하지만 근본적인 성질이 달라서 주인을 리더로 보지는 않습니다. 단순한 동거인이나 '먹을 걸 주고 보살펴주는 고용인'으로 여길 가능성도 있습니다. 고양이는 편안한 환경을 좋아하고, 화장실을 청결하게 유지하려는 습성이 강해서 집사에 대해 '편안한 환경을 제공해주는 사람'이라는 감각을 갖고 있겠지요.

물론 인간과 고양이는 서로 외로울 때 기댈 수 있는 파트너로서 도움을 주고받는 관계입니다. 집사라면 고양이의 특성을 잘 알고 있을 테지만, 고양이가 스트레스 없이 생활할 수 있도

록 기본적인 특성을 떠올리는 일도 필요합니다.

어떤 경우에도 고양이의 방식을 존중한다

고양이는 가만히 두는 걸 좋아하는 동물입니다. 아침저녁 산책을 해야 하는 것도 아니고 곁에 꼭 붙어서 보살피지 않아도 됩니다. 그렇다고 해서 '산책을 하지 않아도 되니까 편하다', '가만히 놔두면 된다'라는 생각은 옳지 않습니다.

물론 가만히 두어도 괜찮을 때도 있습니다. 가령 집에서 키우는 두 마리의 고양이가 서로 스트레스를 잘 발산해서 '집사님은 밥을 챙겨주고 화장실만 깨끗하게 해주면 돼요'와 같은 환경이라면, 식사와 화장실 청결 정도만 신경 써도 괜찮습니다. 하지만 한 마리만 키운다든가, 여러 마리를 키워도 성격이 맞지 않아 고양이가 만족하지 못하는 상황이라면 고양이와 소통하려는 노력을 해야 합니다. 평소에 소통을 하지 않으면서 집사가 위로받고 싶을 때만 함께하려고 한다면 고양이도 마음을 열지 않겠지요.

고양이는 마이웨이 기질을 가진 동물이라서 '몸에 좋은 음식을 챙겨주어야지' 하고 건네봐도 좀처럼 인간의 생각대로 먹지 않습니다. 고양이는 개보다 생후 1~2개월 이유기에 무엇을 먹었는지 더 잘 기억한다고 합니다. 대체로 집사 곁에 올 즈음에는 이유기가 끝나고 음식물에 대한 기호가 확립된 상태이므로 식성이 쉽게 변하지 않습니다. 이유기에 주로 건식사료를 먹어서 집사가 준비한 식사에 별로 흥미가 없는 고양이라면, 건식사료만 음식이라고 받아들일 수 있다는 것이죠.

길고양이 출신이라면 그동안 어떤 것을 먹었고, 어떻게 사람을 인식했는지에 따라 집사를 대하는 태도가 정해집니다. 어미 고양이에게 '인간은 무서운 존재'라고 배웠다면 가정에서 안정된 생활을 하는 고양이가 되기는 상당히 어렵습니다. 눈도 뜨지 못한 새끼 고양이를 데려와서 정성을 들여 기른다고 해도, 사람과 어울리며 집고양이로 자랄 수 있을지는 타고난 성격에 달려 있다는 의미입니다.

서두르지만 않는다면 조금씩 바뀔 가능성도 있습니다. 인간의 방식대로 '오늘부터 바로'라고 조급해하며 고치려고 하지 말고, 고양이의 방식을 먼저 이해해주세요.

염려되는 고양이의 질병

고양이는 신장에 약점이 있다

고양이는 요로와 소변과 관련된 비뇨기 계통의 질병에 취약합니다. 우리와 함께 생활하는 집고양이의 조상을 살펴보면 그 이유를 알 수 있습니다. 중동의 사막 등 건조지대에서 생활하는 리비아산 고양이로 여기는데, 물이 풍족하지 못한 환경에서 생활하는 이들은 체내에서 조금이라도 효율적으로 물을 사용하기 위해 진한 소변을 배출하도록 진화했습니다. 특히 신장에 큰 부담을 주기 때문에 고양이 질병의 70~80%가 신장과 관련이 있다고 해도 과언이 아닙니다. 고양이는 선천적으로 신장이 약한 동물이라고 해도 되겠지요.

특히 시니어 고양이들은 추운 계절에 신장이 약해질 수 있으므로 주의해야 합니다. 나이를 먹으면서 감염증에 취약해지고, 신장의 기능이 쇠약해지면서 만성신장병에 걸리기 쉽습니다. 아무도 모르는 사이에 서서히 진행되어 신장이 기능을 다하지 못하는 일도 생깁니다. 고양이의 사인 중에서 1위를 차지하는 신부전이 바로 이것입니다. 만약 이미 증상이 나타났다면 원래 상태로 되돌리는 치료는 할 수 없으므로, 진행 속도를 늦추는 것이 중요합니다.

고양이와 오래 함께하기를 바란다면, 어렸을 때부터 신장에 부담이 가지 않게끔 주의를 기울이며 만성신장병을 예방해야 합니다. 물을 자주 그리고 많이 마시게 하는 것이 제일 좋습니다. 태생적으로 물을 좋아하지 않는 동물이기 때문에 어떻게 하면 자주 물을 마시게 할 수 있을지 궁리해야 합니다. 음수대를 늘리고 습식사료를 먹이거나 제3장에서 소개하는 한천젤리를 주는 등 수분 보급에 신경 쓰고, 염분을 지나치게 섭취하

지 않게 해야 합니다.

고양이의 수명을 30세로 늘리는 신장병 특효약

고양이 보살핌에 열정적인 집사는 '머지않아 신장병 특효약이 나온다'라는 소식을 들었을 것입니다. 도쿄 대학 대학원의 미야자키 교수가 연구와 개발을 진행하고 있는데, 빠르면 2021년에 신장병 특효약 'AIM제제'가 실용화되어 고양이의 수명을 30세로 늘리는 일을 실현할 수 있다는 이야기가 들립니다.

미야자키 교수에 따르면 인간과 고양이의 혈액 속에는 신장의 기능을 회복시키는 'AIM'이라는 단백질이 있는데, 고양이가 가진 AIM은 활성화되지 않는다는 것을 밝히며 AIM제제를 투여함으로써 신부전에 효과가 있다는 것을 입증했습니다. 대량생산 기술도 확보하고 임상 시험을 시작하는 단계까지 진행하고 있습니다. 이 약은 고양이뿐만 아니라 인간에게도 응용할 수 있다는 점에서 획기적인 도움을 줄 것으로 기대합니다.

신경 써야 할 암 · 구내염 · 당뇨병

신장병과 더불어 고양이의 수명을 단축하는 질병은 암입니다. 고양이는 겉에서 만져지는 멍울 등의 종양이 잘 생깁니다. 그중에서도 유선종양, 즉 유방암은 비교적 흔한 질병입니다. 또 입 주위와 얼굴 주위에 생기는 종양도 많습니다. 조기 발견이 중요하므로 평소에 잘 만져보고 이상을 느끼면 수의사에게 검진을 받아야 합니다.

구내염도 가볍게 여기면 안 되는 질병입니다. 잇몸이 빨갛게 붓고 염증이 일어나거나 안쪽의 치주 조직까지 염증이 진행된 것이 치주병입니다. 가장 효과적인 예방법은 양치질입니다. 하지만 주변에서 양치질을 하는 고양이를 찾아보기 어렵지요. 규칙적으로 양치질을 해주는 견주들은 꽤 있지만, 성장한 고양이의 입 안에 손을 대기란 우선 불가능합니다. 새끼 고양이 때부터 입 안을 만지는 습관을 들여 양치질에 익숙해지게 하는 것이 좋습니다. 양치질이 어렵다면 유산균제제 등 다양한 건강보조식품을 활용해 개선할 수도 있습니다.

치석이 쌓여서 치은염이 되면 치아가 흔들립니다. 그곳에

잡균이 침투해 혈관을 타고 전신으로 퍼지고, 심장이나 신장으로 흘러들어 병이 납니다. 마찬가지로 인간도 동일한 과정으로 치은염이나 치주병이 생기기 때문에 예방을 강조하는 것이지요. 고양이의 구취가 신경 쓰인다면 서둘러 수의사와 의논합시다.

당뇨병은 과식하고 운동이 부족한 고양이가 걸리기 쉽습니다. 당뇨병에 걸리면 혈당치를 낮추는 인슐린을 주사하고, 더 이상 악화되지 않도록 혈당치를 조절해야 합니다. 사실 당뇨병에 걸린 고양이의 혈당치를 조절하는 일은 인간 이상으로 어렵습니다.

수의사의 처방에 따라 집사가 인슐린 주사를 놓기도 합니다. 이때 인슐린의 양은 일정량의 식사를 한다고 상정하는데, 변화무쌍한 고양이가 제대로 먹지 않기라도 하면 혈당 조절이 잘 되지 않아서 저혈당을 일으키고, 의식을 잃거나 경련이 나서 동물병원 응급실에 실려 오는 비상사태가 발생합니다. 인간이라면 가벼운 저혈당 단계에서 알사탕으로도 대응할 수 있지만, 고양이는 그런 일을 할 수 없으니 소동이 일어나기 쉽습니다.

질병은 어느 날 갑자기 알 수는 있지만, 어느 날 갑자기 시작되지는 않습니다. 앞서 언급한 질병들은 모두 만성질환으로, 체질과 생활습관이 관련되어 몸에 조금씩 이상 현상이 쌓여 발현한 것입니다. 평소 고양이의 식사에 신경을 쓰고 주의깊게 살펴서 이상 변화를 놓치지 않는 것이 중요합니다.

동양의학으로 고양이의 노화에 대비한다

고양이에게 나타나는 노화의 징후

인간은 얼굴만 봐도 고령자인지 아닌지 구분할 수 있습니다. 다양한 삶을 사는 현대인들을 얼핏 보고는 나이를 가늠하기 어렵지만, 행동이나 언사로 나이를 짐작할 수 있습니다. 하지만 고양이는 나이를 먹어도 외형상 큰 변화가 없기 때문에 나이를 가늠하기 어렵습니다. 유심히 살펴보면 사소한 데서 다음과 같은 노화의 신호를 발견할 수도 있겠지요.

10세부터 나타나는 노화의 신호

· 수염이나 입 주변에 하얀 털이 생긴다.

· 털에 윤기가 없어지고 비듬이나 털 빠짐이 잦다.

· 장난에 반응하지 않고 자는 시간이 늘어난다.

· 살이 빠진다.

12~13세쯤부터 나타나는 노화의 신호

· 움직임이 줄어들고 주로 잠을 잔다.

· 호기심이 약해지고 주위의 일에 별로 흥미를 보이지 않는다.

· 그루밍을 하지 않아서 덩어리 털이 생긴다.

· 몸이 여위고 등뼈가 도드라진다.

젊을 때는 하지 않던 행동이 점점 눈에 띄거나 활동량이 줄어듭니다. 물론 개체차가 있기 때문에 위와 같은 모습을 전혀 보이지 않는 건강한 고양이도 있고, 나이든 분위기를 풍기는 고양이도 있습니다.

16쪽의 표를 보면 고양이의 10세는 사람이라면 환갑 직전인 56세, 12세는 64세 정도에 해당됩니다. 환갑 전후라도 열

살이나 젊게 느껴지는 사람이 있고, 실제 연령보다 나이가 들어 보이는 사람도 있는 것처럼 고양이마다 노화 속도에 차이가 납니다.

노화가 진행되면 손이 덜 간다

대부분 15세가 지나면 뚜렷한 노화를 보입니다.

15세쯤부터 나타나는 노화의 신호

· 높은 곳에 뛰어오르지 않는다.

· 청력이 나빠져서 이름을 불러도 반응하지 않는다.

· 하루 종일 잔다.

· 자주 밥을 먹으려고 하거나 밤중에 큰 소리를 내며 운다.

· 낮은 턱도 올라가기 어려워한다.

움직임이 느려지고 활동량이 더욱 줄어듭니다. 몇 번이고 밥을 먹으려 하거나 밤중에 큰 소리로 운다면 치매 증상일 수 있습니다. 역시나 개체차가 있겠지만, '그러고 보니 최근엔 손이 덜 가는 거 같아' 하고 느껴진다면 서서히 노화가 진행되기 시작했다고 봐도 좋습니다.

나이를 먹으면 성격이 변하는 고양이도 있습니다. 젊을 때는 안기기를 싫어해서 만지지도 못하게 하더니, 10세 무렵부터 안기는 걸 좋아하거나 접촉을 피하던 고양이가 먼저 다가왔다는 사례도 자주 접합니다. 손이 많이 가지 않고 성격이 둥글어지는 것도 노화의 신호입니다. 쓸쓸하게 느껴질지도 모르지만 생명체가 나이를 먹는 건 자연스러운 현상이니 막을 수는 없습니다.

또한 방광염이나 신장병에 걸리기 쉽습니다. 치료가 늦어지면 자칫 손쓸 수 없는 중증으로까지 갈 수 있습니다. 가능한 한 일찍 치료를 시작하면 경도(輕度)에서 중 정도의 상태를 유지하며 함께 지낼 수 있는 날들을 늘릴 수 있습니다.

고양이에게 좋은 동양의학 '가정 케어'

동양의학이 중심인 우리 동물병원 진료실에는 흔한 금속제 진찰대나 번쩍거리는 조명, X선 같은 기계 장치가 없습니다.

대신 나무로 만든 테이블 느낌의 진찰대와 부드러운 조명으로 가정집 거실 같은 분위기를 자아내고 있습니다. 스테인리스 기기로 가득 채우고 기능을 내세운 서양의학 진료실에서 부들부들 떨고 있던 고양이도 우리 병원 진료실에서는 긴장하지 않고 진찰을 받습니다. 때때로 나이가 많거나 만성질환을 가진 고양이에게 스트레스나 공포심을 안기면서까지 치료를 꼭 받게 해야 할지 고민합니다.

동양의학에서는 검사를 할 때도 마취를 하거나 몸을 누르지 않습니다. 충분한 시간을 가지고 집사의 얘기를 들으면서 고양이의 몸을 가볍게 만지고, 혀 색깔을 살피며 수의사의 오감을 사용해서 진찰하고 있습니다(제5장 참조). 그 다음 고양이의 특성과 체질에 맞는 마사지를 하거나 경혈에 침과 뜸을 사용하는 등의 치료를 결정합니다.

인간과 마찬가지로 고양이의 몸에도 침구 경혈이 있다는 것을 아시나요? 경혈에 침과 뜸으로 자극을 주거나 마사지를 해주면 체내의 정체가 해소되고, 무너진 신체 균형이 산뜻하게 회복됩니다. 침과 뜸을 경험한 집사분들은 몸이 상쾌해지고 이상 증상이 개선되면서 건강이 호전되었다고 느끼셨을 겁니다. 고양이도 마찬가지입니다.

현대 서양의학의 의료기술은 눈부시게 발전했지만, 검사나 치료 체계가 복잡해지면서 스트레스가 최대의 적인 고양이에게 부담을 주는 일이 많습니다. 사랑스러운 고양이가 병이 나서 상태가 나빠지면 집사는 곧장 병원에 데려가 진찰을 받겠지요. 물론 바람직한 일이지만 그보다 고양이를 최우선으로 하는 방법을 알려드리겠습니다.

병이라고는 할 수 없지만 조금 상태가 좋지 않은 단계(동양의학에서는 '미병(未病)'이라고 부릅니다)에서 고양이의 컨디션과 증상에 맞추어 집사가 가정에서 먼저 해볼 수 있는 방법입니다. 바로 마사지를 해주고 경혈을 자극해서 상태를 개선하는 일입니다. 평소 가정에서 케어를 잘 이어간다면 고양이의 장수에 매우 효과적입니다. 신뢰할 수 있는 집사가 다정하게 마사지를 해주거나 경혈을 자극하는 '가정 케어'를 해준다면 고양이의 건강 상태는 분명 좋아질 것입니다.

가정 케어를 실천하고 있는 집사분들이 "이렇게 건강해지다니 상상 이상입니다", "아이가 기분 좋은 표정을 지어서 안심이 돼요"라고 말씀해주실 때 진심으로 행복합니다.

놓치기 쉬운 작은 변화에 주의한다

"줄곧 건강했는데 10세부터 갑자기 병치레가 잦아졌어요" 라며 진료를 받으러 오는 집사가 있습니다. "역시 노화일까요?"라고 물으시는데, 평소에 건강했던 고양이라면 열 살이 가까워졌다고 해서 갑자기 병치레가 잦아지지는 않습니다.

집사가 보기에는 식사도 잘하고 배설에도 별다른 변화가 없으며, 나이를 먹고 살이 조금 쪄서 캣타워에 올라가지 않는다고 느껴도 사실 그 안에는 작은 변화가 있습니다. '밥을 잘 먹지 않는다, 설사가 이어진다, 자주 토해서 힘들어 보인다, 변을 못 본다'와 같은 눈에 띄는 증상이 없었기 때문에 알아차리지 못했을 뿐이지요.

원래 고양이라는 생명체는 고통이나 통증을 느껴도 겉으로 드러내지 않고 참고 넘기려는 성향이 있습니다. 더구나 집사가 매번 '어디 안 좋은 데는 없을까' 하며 살피기 어려우니 좀처럼 알아차리기 힘들지도 모릅니다. 하지만 날마다 '가정 케어'로 마사지를 하거나 경혈을 자극하면서 고양이를 보살핀다면 작은 변화를 알아차릴 기회는 충분합니다.

입양한 유기묘가 만지는 걸 극도로 싫어할지라도 '우리 아이는 원래 못 만지게 하니까' 하고 포기하지 마세요. 식사 때마다 머리를 쓰다듬는다든가 어깨를 가볍게 주무르면서 스킨십을 꾸준히 해주어야 합니다.

고양이도 1년에 한 번 건강 진단을 받게 한다

앞서 설명했듯이, 고양이의 열 살은 사람 나이로 50대 중반입니다. 그 나이대에 20~30대 같은 체력과 컨디션을 유지하는 사람은 보기 드뭅니다. 일을 하든 하지 않든 젊었을 때와 같을 수는 없을 테니까요. 더불어 자신의 건강 상태에 불안을 전혀 못 느끼는 사람도 극히 드물 것입니다.

국가에서 건강검진을 실시하므로 50대 중반까지 진단을 받아본 적 없는 사람도 별로 없을 것입니다. '혈압이 높다'라든지 '대사증후군의 우려가 있다'와 같은 결과를 들으면 식생활과 운동에 주의를 기울이지요. 증상이 심하지 않을 때부터 잘 대처하면 '어느 날 갑자기 큰 병을 치료할 시기를 놓쳐버렸다'와 같은 비극을 줄일 수 있습니다.

고양이도 정기 검진이 필요합니다. 보통 6세 이후부터 일 년에 한 번은 건강검진을 받으라고 제안합니다. 인간으로 말하면 40세 이후부터입니다. 개들은 일 년에 한 번 의무적으로 광견병 예방접종을 해야 하기 때문에 그때에 맞춰 사상충 검사도 하고, 채혈한 김에 건강검진도 하는 경우가 많습니다. 의무사항은 아니지만, 적어도 개는 정기적으로 동물병원에 드나들며 건강 상태를 확인할 기회가 있습니다.

고양이에게는 의무적으로 해야 하는 예방접종이 없습니다. 그러다 보니 정기적으로 동물병원에 갈 기회도 없고, 건강검진을 받으려는 집사도 적습니다. 그 결과 어딘가 나빠지고 나서야 병원에 오는 일이 늘어납니다.

고양이의 건강에 관심을 가지고 4~5세부터 빠르게는 한 살 때부터 정기적인 건강검진을 희망하는 집사 분들도 있습니다. 작년까지 근무한 세이조 고바야시 동물병원에서는 가을철 건강검진 시기에 개와 고양이를 합쳐 230마리가 검진을 받았는데, 고양이는 70마리에 그쳤습니다. 건강검진에는 혈액검사와 소변검사, 초음파검사 등이 포함됩니다.

장수의 비결은 병이 난 후 치료하는 것이 아니라 병에 걸리지 않도록 예방하는 것입니다. 고양이의 나이로 일 년에 한 번은 '4년에 한 번'을 의미합니다. 집사가 가정 케어로 고양이의 건강을 관리해주고 연 1회 정기 건강검진을 받게 한다면, 조기 발견과 치료가 가능해져 건강수명을 연장할 수 있습니다.

병이 나기 전에 대처하면 오래 살 수 있다

여러분은 건강과 질병 사이에 뚜렷한 경계선이 있다고 생각하시나요? 혈액검사를 받고 일정 수치를 넘으면 '병'이고 그 미만은 '건강'하다고 할 수 있을까요? 그렇지는 않습니다. 건강하더라도 가벼운 증상을 거쳐 머지않아 중병으로 변하는 회색 지대가 있습니다.

암도 성장하기까지 시간이 걸립니다. 만약 지금 암을 발견했어도 최초의 세포가 암화하여 커지기 시작한 건 이미 몇 년 전의 일일 것입니다. 암화했더라도 도중에 여러 차례 면역세포에 의해 소멸되었을 수도 있습니다.

앞에서 잠깐 언급했지만 동양의학에서는 병이 나기 전의 단계, 즉 건강한 상태와 병 사이를 '미병(未病)'으로 인식합니다.

건강하고 원기 왕성한 때를 백(白), 병에 걸린 단계를 흑(黑)이라고 한다면, 그 중간에 점점 회색이 진해지는 회색 상태를 미병이라고 합니다.

건강이 살짝 나빠진 단계라면 회복하기 쉽습니다. 시니어 고양이도 미병 단계에서 병을 발견하면 건강한 상태를 꽤 오래 유지할 수 있습니다. 신장의 기능이 다소 떨어졌다고 해서 신부전이라든지, 마지막 때가 가까워졌음을 의미하지는 않습니다. 신장병을 잘 다스리며 한가로이 나날을 보내는 시니어 고양이도 많습니다. 허리가 아프거나 혈압이 높거나 어딘가 몸 상태가 좋지 않아도, 무리하지 않고 조심하면서 매일 즐겁게 살아가는 고령자를 볼 수 있듯이요.

질병이 있다면 악화를 막기 위해, 건강하다면 유지하기 위해 혹은 더 건강하고 활기차게 생활하기 위해 생활습관에 주의를 기울여야 합니다. '섭생(攝生, 병에 걸리지 않도록 건강관리에 신경 써 오래 살기를 꾀함. 양생과 같은 의미다_역자주)'과 '양생(養生)'을 하는 일이야말로 미병에 대처하는 것입니다.

앞서 정기적인 건강검진을 추천한 것과 별도로 정기적으로 동양의학의 진찰을 받는다면, 신체의 균형 상태를 파악하여 평소에 주의할 점들을 알 수 있습니다. 다시 말해 미병을 의식할 수 있는 것입니다.

동양의학으로 생명력을 향상시킨다

섭생이나 양생이라고 하면 진부하게 느껴질지도 모릅니다. 의학이 발달한 현대사회에서는 "약은 수없이 많으니까 병에 걸려도 치료하면 된다", "고치지 못한다던 신장병도 곧 약이 나오잖아요"라고 생각하기 쉽지만, 그래도 조금 다른 이야기입니다.

병을 낫게 하는 근본은 고양이와 인간 모두 가지고 있는 자연치유력입니다. 생물이라면 상처나 질병을 치유하기 위해 스스로 가지고 있는 힘이지요. 다쳐서 피가 나도 얼마 후면 피가 멎고 상처가 아뭅니다. 상한 음식을 먹고 설사나 구토를 하는 것도 나쁜 물질을 빨리 몸 밖으로 배출하려는 정상반응입니다. 감기에 걸렸을 때 열이 나는 것도 체온을 높여 열에 약한 바이러스를 물리치려고 하는 면역반응입니다.

아무리 첨단의료나 뛰어난 의사를 확보해도 상처나 질병은

자연치유력 없이 치유되지 않습니다. 현대의학의 최고봉인 수술을 받아도 자연치유력 덕분에 아물 수 있는 것이지요. 동양의학에서는 섭생과 양생을 중시하는데, 자연치유력을 유지하고 향상시키는 데 없어서는 안 될 요소이기 때문입니다. 스트레스 없는 평온한 생활이나 바른 식습관이 장수로 이어진다는 건 누구나 아는 사실이지요.

생명력은 자연치유력을 의미합니다. 병원을 싫어하는 고양이도 '식양생(食養生, 음식물의 영양을 따져 섭취함으로써 질병의 예방 및 치료를 꾀하는 일)'이나 마사지, 경혈을 자극하는 동양의학 케어로 생명력을 향상할 수 있습니다. 질병까지는 아니지만 건강하다고도 할 수 없는 미병 상태에 잘 대응할 수 있는 방법이기도 합니다.

전통적으로 서양의학에서도 자연치유력을 중시했지만, 최근 수십 년간 의료기술의 급속한 발달로 그 소중함이 퇴색되었습니다. 그러나 의료의 역할은 어디까지나 자연치유력을 돕는 것이며, 명의(名醫)라고 불릴수록 이를 잘 이해합니다.

체력이 떨어질 때나 극심한 스트레스에 노출됐을 때 병이 나는 이유는 면역력이 떨어졌기 때문입니다. 면역력은 자연치유력을 지탱하는 중요한 기둥입니다. 몸의 면역 장치는 인간과 고양이 모두 같습니다.

동양의학에 기초한 케어의 좋은 점은 한 사람 한 사람(한 마리 한 마리)의 체질과 상황에 맞게 대처할 수 있다는 것입니다. 다음 장에서는 고양이의 체질 유형을 구분하는 테스트와 각각의 특징에 대해 설명하겠습니다.

제2장

고양이의 일곱 가지 체질

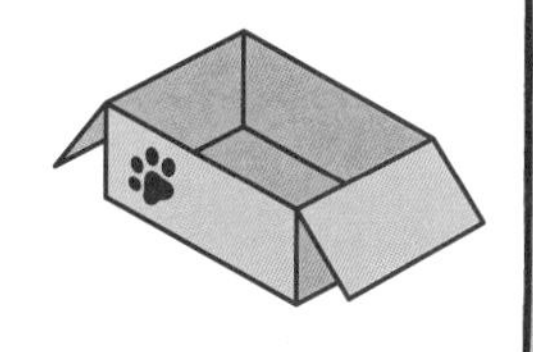

우리 고양이는 어떤 체질일까?

기 · 혈 · 수로 고양이의 체질을 진단한다

동양의학에서는 체질을 진찰할 때 생명활동에 필요한 '기 · 혈 · 수(氣 · 血 · 水)'라고 하는 세 가지 요소를 종합적으로 살펴보고 판단합니다.

· **기**(氣) = 체내를 순환하는 원기의 근원이 되는 생명 에너지

· **혈**(血) = 혈액+체내를 순환하는 영양과 자양

· 수(水) = 타액, 눈물, 림프액 등 무색 액체의 총칭

'기(氣)'란 기분, 원기, 기력의 기입니다. 눈에 보이지 않는 생명의 에너지원으로, 몸속을 흐르는 기본적인 '원기의 근원'이지요. 몸 상태는 나쁘지 않은데 '아무래도 기운이 없다'라든지 '왠지 의욕이 생기지 않는다'라고 할 때는 기가 부족한 상태입니다.

'혈(血)'은 서양의학에서 말하는 혈액과 같은 의미도 있지만, 동양의학에서는 서양의학에서 설명하는 기능 이상으로 영양과 자양 그 자체를 말합니다. 체내의 각 기관과 조직에 영양과 자양을 공급한다고 인식합니다. 때문에 혈이 부족하면 장기도 제대로 기능하지 않습니다. 서양의학에서 말하는 장기 기능 작용을 넘어 '살아 있다'고 하는 감각적인 부분도 포함합니다. 혈이 모자라거나 넘치는 일 없이 제대로 순환하면 장기도 안정되고, 정신적인 부분인 뇌의 활동과 마음의 안정을 유지하는 중요한 역할을 합니다. 예를 들어 스트레스를 자주 느껴 불안해지기 쉬운 고양이가 있다고 합시다. 혈액검사에서 빈혈은 없지만, 바르르 떨거나 긴장하며 패닉 상태에 빠지기 쉬운 고

양이는 혈에 영양이 부족하다고 봅니다.

이런 경우 동양의학에서는 '보혈(補血)'이라 하여 혈에 확실하게 영양을 보충하는 것을 중시해서 식사나 약으로 대처합니다. 즉 뇌나 심장에 직접 손을 쓰는 것이 아니라, 혈의 다른 경로를 통해 안정되게 하는 것입니다.

'수(水)'는 수분입니다. '색깔이 없는 액체 전부'를 가리킵니다. 타액과 눈물, 림프액부터 소변까지 수에 포함됩니다. 세포를 감싸는 액체도 모두 수에 들어갑니다.

동양의학에서는 이 세 가지 요소가 체내를 원활하게 순환함으로써 건강이 유지된다고 봅니다. 이 중에서 어느 하나가 부족하거나 잘 흐르지 못해 정체되면 이상 증상이 나타나고, 그대로 방치하면 점점 체내 균형이 무너져서 병이 난다는 관점입니다.

'기 · 혈 · 수'를 토대로 여러분의 고양이 체질을 확인해볼까요? 체질에는 일곱 가지의 유형이 있으며, 기 · 혈 · 수가 어떤 상태에 있는지에 따라 세부적으로 분류되어 있습니다. 세세하게 보면 기 · 혈 · 수 이외에도 여러 가지 요소가 있지만, 우리

고양이와 오래 함께 살아가기 위한 첫걸음은 체질을 알아두는 것부터 시작합니다. 일곱 가지 체질 중 어느 것에 해당하는지 확인해보세요.

또한 체질 확인은 시니어 고양이로 한정하지 않고, 젊은 고양이에게도 적용할 수 있습니다. 더 나아가 사람에게도 적용할 수 있는 내용입니다. 고양이뿐만 아니라 집사의 체질도 함께 알아두면 좋겠지요.

동양의학으로 알 수 있는

고양이의 일곱 가지 체질 체크리스트

- 각각의 항목의 해당하는 곳에 √ 표시를 해주세요. √ 표시가 가장 많은 유형이 고양이의 체질입니다.
- 체질은 고정적인 것이 아니어서 계절이나 연령에 따라 변화를 보이므로, 정기적으로 살펴보시기 바랍니다.

1. 피로 체질(원기 부족·기허(氣虛))

☐ 쉽게 지친다
☐ 입이 짧은 편이다
☐ 쉽게 지치고 자주 병이 난다
☐ 위장이 약하다
☐ 하반신에 힘이 없다
☐ 피부에 탄력이 없다
☐ 자고 있는 시간이 많다

2. 허약 체질(영양 부족·혈허(血虛))

☐ 혀가 창백하다 또는 빈혈 경향
☐ 털에 윤기가 없고 잘 빠진다
☐ 발톱이 자주 부러진다
☐ 마른 비듬이 많다
☐ 눈에 트러블이 많다
☐ 잠이 얕아서 깊이 잠들지 못한다
☐ 마른 편이다

3. 걸쭉 체질(혈의 순환이 좋지 않음·어혈(瘀血))

☐ 혀가 보랏빛을 띤다
☐ 통증이 있고 만지는 걸 싫어한다
☐ 심장병이 있다
☐ 종양이 자주 생긴다
☐ 피부에 기미가 자주 생긴다
☐ 몸에 마비 증상이 있다
☐ 발끝이 차다

4. 예민 체질(기의 순환이 좋지 않음·기체(氣滯))

☐ 혀 가장자리가 빨갛다
☐ 정신적으로 불안정하고 공격적이다
☐ 만지는 걸 싫어한다
☐ 배에 가스가 자주 찬다
☐ 구토나 변비가 잦다
☐ 눈이 충혈된다
☐ 안정감이 없고 푹 자지 못한다

5. 더위 체질(머리로 피가 몰림·음허(陰虛))

☐ 혀가 빨갛고 작다
☐ 털과 눈, 입 등이 건조한 경향
☐ 더위를 타고 다리나 귀에 열감이 있다
☐ 마른기침을 한다
☐ 마른 편이다
☐ 목이 자주 마른다
☐ 변이 단단한 편, 또는 변비 경향

6. 추위 체질(냉증·양허(陽虛))

☐ 혀가 창백하다
☐ 추위를 타고 몸이 찬 편이다
☐ 배가 차다
☐ 소변 색이 묽고 횟수도 많다
☐ 위장이 약하고 설사를 자주 한다
☐ 에어컨을 싫어한다
☐ 입이 짧은 편이다

7. 통통 체질(비만·담습(痰濕))

☐ 혀가 크고 끈끈하다
☐ 살이 찐 편이다
☐ 기름기가 많은 비듬이 나온다
☐ 사마귀나 지방종이 생기기 쉽다
☐ 피부염이 자주 걸린다
☐ 변이 무른 편이다
☐ 운동을 싫어한다

· 체크 1이 많다

➡ **피로 체질**(원기 부족·기허(氣虛))

· 체크 2가 많다

➡ **허약 체질**(영양 부족·혈허(血虛))

· 체크 3이 많다

➡ **걸쭉 체질**(혈의 순환이 좋지 않음·어혈(瘀血))

· 체크 4가 많다

➡ **예민 체질**(기의 순환이 좋지 않음·기체(氣滞))

· 체크 5가 많다

➡ **더위 체질**(머리로 피가 몰림·음허(陰虛))

· 체크 6이 많다

➡ **추위 체질**(냉증·양허(陽虛))

· 체크 7이 많다

➡ **통통 체질**(비만·담습(痰濕))

여러 개가 해당되거나 아무 데도 해당하지 않을 때는?

어떠셨나요? 각 항목마다 상위 세 개는 해당 체질의 특징적인 증상입니다. 일곱 유형 중 체크가 가장 많은 유형이 현재 고양이의 체질입니다. 예를 들어 평균 한 개나 두 개씩 해당되어도 피로 체질에서 세 개가 해당됐다면 '피로 체질(원기 부족 · 기허)'입니다. 마찬가지로 통통 체질에서 네 개가 나왔다면 '통통 체질(비만 · 담습)'입니다.

명확한 유형을 가진 고양이도 있고, 두 가지 체질이 비등해서 복수의 경향을 보이는 고양이도 있을 것입니다. 두 가지 유형을 가지고 있으면 그날 컨디션에 따라 체질이 다르게 나타나기도 하므로, 균형을 유지하면서 양쪽에 대응하는 것이 중요합니다. 어느 한쪽에만 치우치지 않도록 주의하는 것이지요.

'아무 데도 해당하지 않는다'라는 결과도 있을 것입니다. 해당하는 곳이 없다고 해서 이상한 것이 아니며, 사실 아무 데도 해당하지 않는 것이 가장 좋은 상태입니다. '기 · 혈 · 수'의 균형이 무너지지 않았음을 의미하기 때문입니다.

동양의학에서는 균형이 잡힌 상태를 중용(中庸, 지나치거나 모자라지 아니하고 한쪽으로 치우치지도 아니하고 중도를 지킴_역자주)으로 보고 중시합니다. 젊을 때는 아무 데도 해당하지 않더라도 10~12세를 지나 시니어기에 접어들면 조금씩 해당하는 항목이 늘어납니다. 이런 상황은 인간의 건강검진 결과와도 비슷하지요. 체질을 의식하며 매일 양생을 하고, 중용의 상태를 이어가도록 합시다.

일곱 가지 체질의 특징

일곱 가지 체질 유형을 간단하게 살펴보겠습니다. 여러 유형이 중복된다면 각각의 유형을 모두 읽어보세요. 체질에 따른 '가정 케어'에 대해서는 제3장에서 설명하겠습니다.

고양이와 행복한 나날을 오래도록 함께하려면 기본적으로 체질에 맞는 적절한 케어를 해주어야 합니다. 그런 다음 고양이의 건강 상태를 유지하고 개선해야겠지요.

피로 체질(원기 부족 · 기허(氣虛))

상위 세 항목 '쉽게 지친다', '입이 짧은 편이다', '쉽게 지치고 자주 병이 난다'가 대표적인 증상입니다. 이른바 에너지의 근원이 부족해서 몸을 제대로 움직일 수 없는 상황이 '기허(氣虛)'입니다. '우리 고양이는 늘 기운이 없다'라고 느껴진다면 이에 속하거나 허약 체질에 해당되는 경우가 많습니다.

허약 체질(영양 부족 · 혈허(血虛))

앞에서 '혈(血)'은 영양 및 자양을 의미한다고 했습니다. 혈이 부족하고 영양이 충분하지 않으면 혀의 색깔이 하얀빛을 띱니다. 빈혈과 비슷합니다. 동양의학에서는 털, 발톱, 눈 등에 영양소가 충분하지 않으면 혈이 제대로 기능하지 않는다고 여깁니다. 털이 푸석푸석하다든가, 발톱이 잘 갈라진다든가, 눈에 자주 병이 나는 고양이는 혈의 영양 상태가 나쁘다고 인식하는 것입니다.

혈은 마음에도 영양을 공급한다고 봅니다. 마음의 영양이 부족하면 정신이 불안해져서 잠이 얕아집니다. 자다가도 쉽게 깨거나 놀라는 일이 자주 생기는 이유도 혈과 연관이 있다고 보지요. 동양의학에서는 마음에 영양이 두루 잘 미쳐서 긴장을 풀고 숙면하는 것을 '안신(安神, 치료를 위하여 정신을 안정하게

함_역자주)' 효과라고 하는데, 이와 반대로 깊이 잠들지 못하는 증상이 나타나는 것입니다.

걸쭉 체질(혈의 순환이 좋지 않음 · 어혈(瘀血))

혈이 몸속을 원활하게 흘러야 하는데, 그렇지 못한 상태를 보이는 체질입니다. 혀가 보라색을 띠는 것이 대표적인 증상입니다. 동양의학에서는 원칙적으로 혈의 흐름이 나쁜 곳에 통증이 생긴다고 생각합니다. 그 때문에 인간의 경우, 몸의 마디마디가 아프거나 추간판 헤르니아(추간판이 돌출되어 요통 및 신경 증상을 유발하는 질환_역자주) 같은 병에 이르기까지 통증을 호소하는 환자를 보면 제일 먼저 혈의 순환을 살펴봅니다.

고양이는 말로 통증을 호소하지 못하므로 유독 만지면 싫어하는 부위가 아픈 곳을 의미할 가능성이 높습니다. 혈의 순환이 나쁠 때 심장질환의 위험이 높고, 혈의 순환이 정체된 부위에 종양이 생기기 쉽습니다. 멍울, 사마귀 등도 마찬가지입니다.

털 안쪽 피부에 반점 같은 기미나 노인성 색소 침착 같은 기미가 생기는 고양이가 있습니다. 코끝이나 귀 가장자리 등에 생기기도 하는데, 이를 두고 동양의학에서는 혈의 흐름이 원활한지 살펴봅니다.

예민 체질(기의 순환이 좋지 않음 · 기체(氣滯))

혀 가장자리가 빨간 것은 '기(氣)'가 정체되어 있다는 신호입니다. 예민해서 정신적으로 불안정하고 공격성이 강한 유형에게 흔히 보이는 체질입니다. "다가오면 물어버릴 거예요!"라는 유형이지요. 기의 흐름이 좋지 않아 조금씩 막히면서 흐르는 느낌이기 때문에 가스가 차기 쉽고, 트림이 나거나 구토를 하고, 변비가 생기거나 방귀가 늘기도 합니다.

예민함은 간(肝)과 관계가 깊으며, 자주 눈이 충혈되는 증상이 있습니다. 정신적으로 불안정하기 때문에 수면도 얕지요. '허약 체질(혈허)'은 불안감이 강해서 잠들 수 없고, 자고 싶은데 잘 수 없다는 느낌이라면 '예민 체질(기체)'은 예민해서 안정이 되지 않아 잠들지 못한다는 차이가 있습니다.

더위 체질(머리로 피가 몰림 · 음허(陰虛))

열사병처럼 외부의 열로 체온이 높아지는 것과 다르게 아무

일 없이 집 안에 있어도 체열이 높은 유형입니다. 차가운 곳에서 자려고 하는 고양이의 혀 색깔이 빨갛고 작은 듯해 보이면 더위 체질일 가능성이 있습니다.

'음허(陰虛)'란 '몸을 식히는 기운이 부족하다'라는 의미로, 몸은 건조한 편이며 발끝과 귀를 만졌을 때 뜨거운 느낌이 있습니다. 때때로 마른기침을 하고, 목도 자주 건조해지며, 몸이 마르기 쉽고, 변이 단단해서 잘 나오지 않는다는 특징도 있습니다. 신진대사가 지나치게 활발해서 대체로 마른 몸을 가졌습니다. 14세를 지나면 증가하는 갑상선기능항진증은 이 체질과 관련이 높습니다.

이 유형은 더위를 잘 타서 물을 자주 마십니다. 또 몸이 뜨거워 잠들기를 어려워합니다. 보통 체온이 내려가야 잠이 잘 오는 법인데, 항상 덥고 머리에 피가 몰리는 느낌입니다. 갱년기에 불면증이 찾아오거나 얼굴 홍조(핫 플래시Hot flash, 에스트로겐이 감소되어 중년 여성들에게 안면홍조가 나타나는 증상, 동계(動悸)나 발한 등이 나타나는 것_역자주)로 땀이 나는 증상과 비슷합니다. 또는 이전에 비해 안정감 있게 얌전히 자지 못한다거나, 사소한 일에 민감해지는 등 성격적인 변화를 보이기도 합니다.

추위 체질(냉증 · 양허(陽虛))

'양허(陽虛)'란 '양기가 부족하다. 몸을 따뜻하게 하는 기운이 부족하다'라는 의미로, 더위 체질(음허)과는 반대 유형입니다. 혀는 차가워서 창백한 느낌이 나고, 추위를 타고, 몸을 만지면 찬 기운이 느껴집니다. 특히 배를 만졌을 때 차갑게 느껴지는 일이 많습니다. 소변이 잦고, 색도 연하고, 설사를 자주 하는 특징이 있습니다.

냉방을 하는 것을 싫어하거나 입이 짧아서 편식을 하는 고양이가 많지요. 이 유형은 갑자기 냉증이 된다기보다 피로 체질(기허)이 바탕이 되고, 이것이 진행되어 추위 체질(양허)이 됩니다. 기본적으로 '기(氣)'는 따뜻한 성질이어서 기가 있으면 몸은 따뜻해집니다. 점차 기가 부족해져서 몸을 따뜻하게 하는 기운(양(陽))이 부족하면 양허(陽虛)라고 봅니다. 흔히 고양이가 젊을 때부터 피로 체질을 보인다면 나이를 먹으면서 추위 체질로 바뀔 수 있습니다.

통통 체질(비만 · 담습(痰濕))

'혀가 크고 끈끈하다'면 혀가 통통하고 부석부석하고 타액

에 점성이 느껴지는 것을 뜻합니다. 인간으로 말하면 혀에 설태가 많이 붙어 있는 상태입니다. 먹는 건 좋아하지만 운동은 싫어하고, 살이 통통하게 오른 편이며, 비듬도 잘 생깁니다.

이 유형은 섭취한 음식을 소화, 흡수, 배설하는 대사 기능의 저하로 수분의 순환이 잘 되지 않아 노폐물이 몸에 축적되기 쉽습니다. 그리고 걸쭉 체질(어혈)과 마찬가지로 축적된 노폐물이 사마귀나 지방종의 원인이라고 봅니다.

알맞게 중용을 지킬 때 장수한다

시니어 고양이에게는 피로 체질과 허약 체질이 많습니다. 멍울, 사마귀 같은 종양이 있는 고양이는 걸쭉 체질, 통통 체질이 많습니다. 이들은 여름에는 몹시 더위를 타고, 겨울에는 추위에 취약합니다. 특히 나이가 많아질수록 기 · 혈 · 수나 몸의 기능에 문제가 없는 경우는 드뭅니다. 조금씩 쇠약해지는 등 상태가 나쁜 곳이 생겨나기 마련이지요.

그럴 때 동양의학은 '균형을 무너뜨리지 않는다'를 중시합니다. '기 · 혈 · 수 모두 조금씩 줄어들고 있더라도 그런대로 괜찮다'라고 바라봅니다. '모든 수치가 고르지 않으면 건강하지 않다', '정상치로 치료하지 않으면 안 된다'라며 예민하게 생각하기보다 알맞게 중용을 지키는 일을 우선으로 합니다. 이것이 바로 장수의 비결입니다.

고양이의 체질을 파악하고 개체차를 살피며, 나아가 고양이가 지닌 자연치유력을 의식하면서 중용을 잊지 않도록 합시다. 바로 약을 쓰거나 치료를 하지 않고 상태를 지켜보면서 기다리는 일도 필요합니다. 평소와 다른 상태인지, 평소 상태의 범위 안에 있는지를 판별하려면 주의깊게 관찰해야겠지요. 더불어 고양이와 거리를 두고 자연치유력에 대해 깊이 생각해본다면 고양이와 집사 모두 편안할 수 있습니다.

체질에 따라 질병의 접근이 다르다

동양의학의 '동병이치'와 '이병동치'

서양의학의 치료 과정은 검사를 통해 명확하게 원인을 밝힌 후, 약을 쓰거나 수술을 하는 방식입니다. 가령 병원균이 침입해서 감염증을 일으켰다면 항생제를 투여하여 균을 공격하고, 종양은 수술로 제거합니다. 또 동일한 병은 같은 약으로 치료합니다. 방침이 명쾌해서 병은 시원하게 나을 수 있지만, 나이를 먹고 내장의 기능이 여기저기 조금씩 저하되어 각각 모두 다른 약을 사용하는 경우, 다량의 약을 복용할 수밖에 없는 치료가 되기 쉽습니다. 최근에는 10~20종류의 약이 처방되는 '다제복용' 문제가 거론되고 있습니다. 병원에서 처방해준 약을 먹으면 배가 부르다고 할 정도며, 약의 상호작용으로 생기는 부작용도 무시할 수 없습니다.

이에 비해 동양의학은 같은 병이라도 환자의 체질과 증상이 나타나는 양상에 따라 사용하는 약과 치료 방침이 다릅니다. 예를 들어 '당뇨병'이라는 병명은 같아도, 입이 짧고 위장이 약한 유형과 예민하고 자주 머리로 피가 몰리는 유형의 치료 방침이 다른 것이지요. 각각의 체질과 연령에 맞춰 관리함으로써 증상이 억제되고 기본적인 신체 상태가 좋아집니다.

고양이도 마찬가지입니다. 설사 증상으로 병원을 찾아올 때 서양의학의 수의사는 변 검사를 하고 기생충이 없으면 정장제를 처방하거나 지사제를 먹이고 상태를 지켜봅니다. 반면에 동양의학 관점으로는 '기가 부족한가(기허(氣虛))', '습이 지나치게 괴어 있는가(담습(痰濕))'와 같이 먼저 고양이의 체질을 생각합니다.

또한 같은 설사라도 '기허'와 '담습'에서 쓰는 약이 완전히

다릅니다. 기허가 원인이라면 지사제가 아니라 기를 보충하는 음식물과 약을 주고, 담습이 원인이라면 약간의 수분을 체외로 배출하는 약을 사용해서 속을 다스리게 합니다. 동양의학의 가장 중요한 사고방식인 '동병이치(同病異治, 같은 증상의 병이라도 병의 원인, 체질, 계절 따위를 고려하여 치료 방법을 달리한다는 원칙_역자주)'입니다.

한번은 혈뇨가 나오고 부정출혈이 잦으며 기미가 자주 생긴다는 고양이를 진찰한 적이 있습니다. 서양의학적으로는 혈액에 관련된 질병 가능성을 고려하겠지만, 집사의 이야기를 종합해보니 '피로 체질'이지 않을까 짐작했습니다. 생명 에너지인 '기(氣)'에는 다양한 작용이 있는데 혈관 내에 혈을 머물게 하는 일도 하고 있습니다. 이 고양이는 기가 부족해서 그러한 일을 하지 못했던 것입니다. 진단 결과 기를 보충하는 약을 처방했더니 확실하게 지혈이 되었습니다.

기를 보충하는 약은 위장이 약하고 식욕부진이나 더부룩함, 연변(수분이 많이 함유되어 있는 변_역자주)과 설사가 잦다든가, 면역기능이 저하되었을 때 사용합니다. 이 고양이처럼 출혈 증상이 잦은 고양이에게도 효과가 있었습니다. 이처럼 얼핏 보면 관계가 없을 것 같은 증상과 질병에도 같은 약으로 치료하는 것을 '이병동치'라고 합니다.

병이 되기 전 미병 단계에서 관리하자

앞서 말했듯이, 동양의학의 치료 체계는 서양의학과 완전히 다릅니다. 병명은 같아도 체질 유형에 따라 치료 방침이 다르기 때문입니다. 즉 각 고양이의 체질과 증상에 맞춰 치료법을 선택하는 맞춤 의료입니다. 진찰을 할 때 고양이가 '지금 어떤 상태에 있는가?', '증상이 있다면 어떤 양상을 나타내는가?', '평상시의 컨디션과 체격은 어떤가?'와 같이 먼저 체질을 판별하는 데 시간을 들입니다.

서양의학은 병의 원인을 밝혀내고 정확하게 그 원인을 제거하여 치료하는 방식이기 때문에 원인이 판명되지 않으면 힘을 발휘하기 어렵습니다. 이에 비해 동양의학에서는 병의 원인보다 전체 상태를 중시해서 체질을 분류하고, 건강을 유지 또는 관리해서 치료합니다. 또한 서양의학은 병으로 발전하지 않은 고양이에게 병명을 내리지 않습니다. 반면 동양의학은 체질을

분류하여 얼핏 보면 건강해보이는 고양이도 미병 상태를 발견할 수도 있고, 장래의 건강 상태까지 예측할 수 있습니다. 서양의학의 원칙이 '원인과 병명을 분명히 하고 안 좋은 곳을 치료한다'라면, 동양의학은 '생명을 유지하는 장치의 균형이 어긋나 있으므로 그 균형을 바로잡는다'라는 원칙입니다.

마찬가지로 서양의학에서는 원인이 명확하고 병명이 밝혀지면 환자의 ○○%에게 효과가 있다는 과학적 근거를 두고 치료법을 선택할 수 있지만, 원인도 병명도 분명하지 않은 증상에는 대응하기 어렵습니다. 한편 동양의학은 병의 원인이 밝혀지지 않았더라도 관리할 수 있는 체계를 갖추고 있습니다. 건강하다고는 할 수 없지만 질병도 아닌 미병 단계의 치료를 중요하게 여기는 것이지요.

증상이 심해지거나 병이 되기 전, 체질에 맞춘 동양의학적인 케어를 가정에서도 간편하게 할 수 있습니다. '가정 케어'의 중심은 체질에 맞춘 식사와 경혈, 마사지, 생활 양생법입니다. 자연치유력을 높이고 생명력의 향상을 꾀할 수 있으므로 체질에 맞춘 가정 케어를 꼭 실천해봅시다.

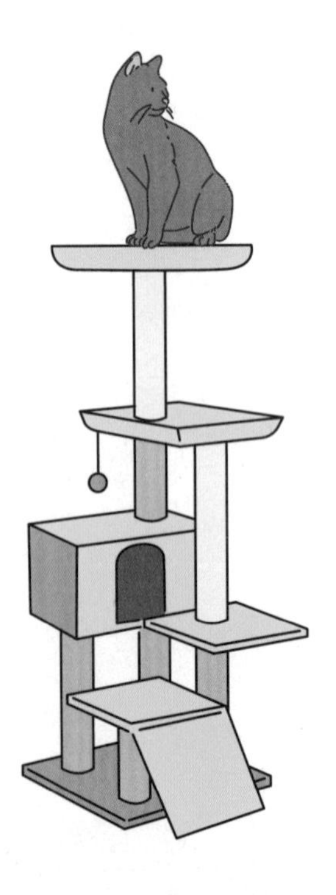

제3장

가정 케어로 고양이의 건강과 장수를 서포트한다

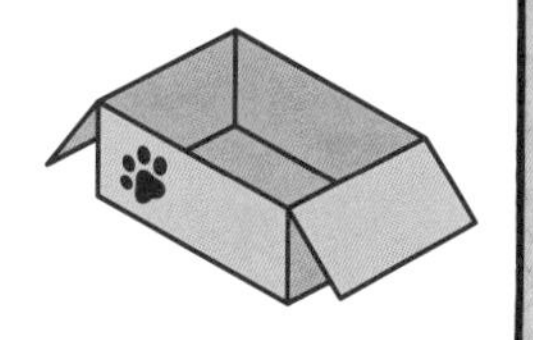

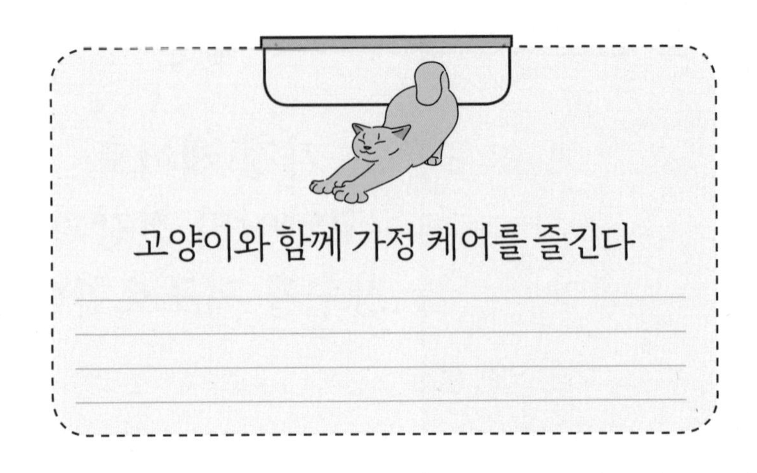

고양이와 함께 가정 케어를 즐긴다

처음부터 무리하면 안 된다

일곱 가지 체질 유형별로 가정에서 할 수 있는 '가정 케어'를 살펴보겠습니다.

· 체력과 생명력을 끌어올리는 '추천 경혈'

· 토핑 등으로 시도해볼 수 있는 '추천 식재료'

· 매일 생활 속에서 실천할 수 있는 '생활의 양생 포인트'

체질은 일정하지 않으므로 가능하면 계절마다 체질 체크를 하는 것이 좋습니다. 인간의 1년은 고양이의 4년이기 때문에 계절마다 체크하면 고양이는 1년에 한 번 하는 셈입니다. 지금까지 말씀드린 것들을 바탕으로 가정 케어의 추천 경혈과 추천 식재료를 요점 정리하겠습니다.

추천 경혈

· 체질 별로 세 개의 추천 경혈이 있는데, 매번 세 곳 모두를 자극하거나 마사지할 필요는 없습니다. 하나라도 고양이가 받아들이는 경혈이 있으면 충분합니다.

· 고양이의 경혈은 힘을 줘서 누르지 말고 손바닥이나 손가락으로 부드럽게 쓰다듬는 느낌으로 만집니다. 대강의 위치에 손을 얹어주는 것만으로도 효과가 있습니다.

· 칫솔을 사용한 마사지도 추천합니다.

· 경혈 자극이나 마사지는 하루에 2~3분이면 됩니다. 식후 30분 이내는 피하도록 합시다.

· 고양이가 좋아하는지 표정을 살피면서 진행합니다. 절대 강제로 하지 않습니다.

추천 식재료

· 토핑으로 쓸 수 있는 추천 식재료는 제시한 것들을 다 쓰지 않아도 됩니다. 한 종류씩 시도해보고 하나든 두 개든 고양이가 먹는 식재료를 사용합니다.
· 토핑은 작은 숟가락으로 한 숟갈부터 시작합시다. 고양이는 음식을 잘 가리는 데다 기분파여서 작은 숟가락으로 평평하게 담으면 먹고, 똑같은 숟가락이라도 수북하게 담으면 먹지 않는 일이 다반사입니다.
· 토핑은 매 끼니마다 주지 않아도 되며 주 1회가 적당합니다.
· 야채는 먹이기가 어렵기 때문에 전동 다지기로 으깬 후 소량을 고기와 섞어 주세요. 완전한 육식동물인 고양이는 야채를 반드시 먹어야 하는 건 아닙니다.

처음부터 무리하지 않는 것이 중요합니다. '소중한 고양이를 건강하게 만들어주고 싶다'는 집사의 마음은 이해하지만, 고양이를 최우선으로 생각하는 마음을 잊지 않아야 합니다.

5단계 평가로 변화를 지켜보기

체질에 맞춘 가정 케어는 고양이의 컨디션을 조절하여 심신의 건강을 돕습니다. 다만 그 변화는 하루아침에 극적으로 일어나지 않습니다. 가령 '쉽게 지친다' 항목이 5단계 평가에서 5라고 한다면, 4가 되었다가 케어를 지속하면 3이 되는 식으로 아주 조금씩 개선됩니다.

동양의학에서는 '자주 쉽게 지치던 고양이가 갑자기 기운이 넘친다'와 같이 0에서 10으로 건너뛰는 변화는 없습니다. 작은 변화가 조금씩 쌓여서 머지않아 건강하고 평온한 나날을 보낼 수 있는 것이지요. 변화는 미미해서 눈에 보이지 않지만, 한 달이 지나면 '왠지 기운이 생긴 것 같네' 하고 느낄 수 있습니다.

집사가 체질 체크를 할 때마다 5단계 평가 항목의 수치를 적어두면 도움이 됩니다. '체질 체크+가정 케어'를 반복하는 과정에서 고양이의 컨디션 변화를 수치로 가시화한다면, 변화를 알기 쉽고 집사의 의욕도 커지겠지요. 고양이와 집사가 함께 가정 케어를 즐긴다는 마음으로 힘써봅시다.

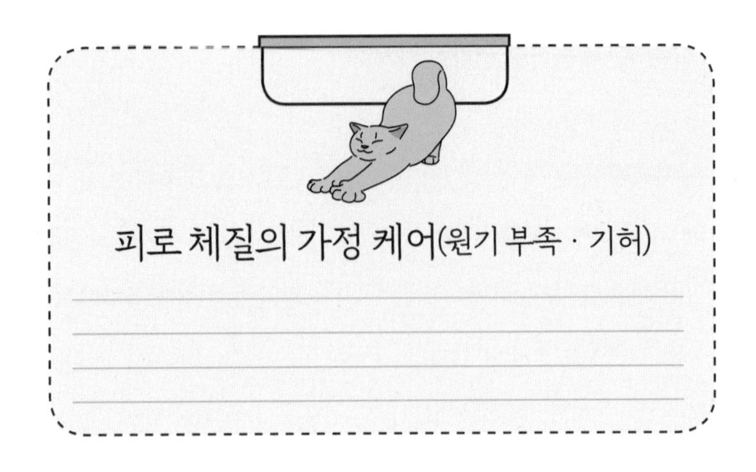

피로 체질의 가정 케어(원기 부족 · 기허)

피로 체질의 고양이는 동양의학적인 관점으로 '기허(氣虛)' 상태라고 판단합니다. 특징적인 증상으로는 '쉽게 지친다', '입이 짧은 편이다', '쉽게 지치고 자주 병이 난다'가 있습니다. '우리 고양이는 언제나 기운이 없다'라고 느껴진다면 기(気), 즉 에너지의 근원이 부족해서 몸을 마음대로 움직일 수 없는 상태라고 보면 됩니다.

작은 변화의 축적이 중요하다

'추천 경혈'은 다음과 같습니다.

· **족삼리**(足三里): 뒷다리의 바깥쪽으로, 무릎의 우묵한 곳에서 조금 아래. 좌우에 하나씩 있다.
· **신수**(腎兪): 마지막 갈비뼈에서 엉덩이 쪽으로 약간 내려온 곳의 등뼈 양쪽.
· **기해**(氣海): 배꼽에서 약 1센티 아래.

족삼리(足三里)는 책에서도 자주 소개되는 대표적인 경혈로, 질병 예방과 체력 증강, 위장병 증상을 개선합니다. 신수(腎兪)는 등에 있고 내장의 기능을 안정시키는 경혈이며, 기해(氣海)는 배꼽 조금 아래에 있으며 정기(精氣, 천지만물을 생성하는 원천이 되는 기운_역자주)의 근원이라고 여기는 경혈입니다.

피로 체질의 고양이는 비교적 배를 만지는 것에 거부감이 없는 편입니다. 집사가 배를 만져주면 기분이 좋고 그 과정에서 기운을 얻고 교감도 일어납니다. 반대로 배를 만지지 못하

피로 체질
추천 경혈

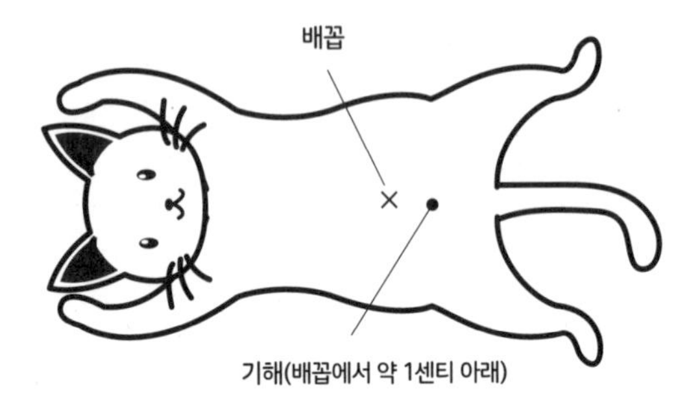

족삼리
뒷다리의 바깥쪽으로, 무릎의 우묵한 곳에서 조금 아래. 좌우에 하나씩 있다

추천 식재료

쇠고기, 닭고기, 돼지고기, 정어리, 가다랑어, 연어, 참치, 호박, 잎새버섯

생활의 양생 포인트

· 기(氣)를 보충할 것.
· 평온한 생활을 할 수 있도록 유의하고, 불필요한 기의 소모를 피한다.
· 식욕의 유지, 적당한 운동과 일광욕.
· 소화기 증상이 있으면 빨리 치료해야 한다.

게 하는 예민한 고양이는 기가 정체되어 있습니다. 경혈을 만졌을 때 보이는 반응은 체질과 연관이 있습니다.

경혈 자극이나 마사지를 계속해주면 식욕의 안정도 기대할 수 있습니다. 기의 부족은 에너지를 충분히 보충하지 못하는 상황에서 발생합니다. 이때 기를 보충해주면 '평소에 늘어져서 자는 것을 좋아하는 고양이가 이름을 부르니 재빠르게 다가왔다', '발걸음이 이전보다 조금 가벼워 보인다'와 같은 변화가 서서히 일어납니다.

추천 식재료는 한 숟가락부터

'추천 식재료'는 다음과 같습니다.

쇠고기, 닭고기, 돼지고기, 정어리, 가다랑어, 연어, 참치, 호박, 잎새버섯.

식사 때는 기를 보충하는 식재료로 구성하여 섭취해야 합니다. 육류는 단백질로 기를 확실하게 불어넣는 식재료입니다.

몸을 따뜻하게 만드는 성질이라 에너지를 효율적으로 충전할 수 있습니다. 또 잎새버섯은 쉽게 접하는 버섯 중에서 베타카로틴이 다량 함유되어 있으므로 기를 보충하고 면역력을 높여 줍니다. 처음부터 많이 주지 말고 주 1회 작은 한 숟가락 분량으로 시작해봅시다.

평온한 생활을 유지한다

'생활의 양생 포인트'는 다음과 같습니다.

- 기(氣)를 보충할 것.
- 평온한 생활을 할 수 있도록 유의하고, 불필요한 기의 소모를 피한다.
- 식욕 유지, 적당한 운동과 일광욕.
- 소화기 증상이 있으면 빨리 치료해야 한다.

피로 체질의 고양이는 불필요한 기의 소모를 피하는 일, 즉 평온한 생활을 유지하는 것이 중요합니다. 가령 필요 이상으

로 병원에 데려가는 일은 불필요하게 기를 소모시키는 행위입니다. 이동하는 것만으로 소모하는 것이나 다름없지요. 고양이에게 좋을 거라고 생각하여 행하는 일이 정작 피곤하게 만드는 건 아닌지 떠올려보세요.

자택에 사람들의 출입이 지나치게 많은 것도 평온한 생활을 방해합니다. 손님이 많아도 아무렇지 않아 하거나 좋아하는 고양이라면 상관없지만, 그렇지 않다면 피곤함을 느끼고 기를 소모해버리겠지요.

충분한 수면과 균형 잡힌 식사는 피로 회복에 도움이 됩니다. 집사가 피곤할 때나 푹 쉬고 싶다는 생각이 들 때 어떻게 하면 편하게 보낼 수 있을지를 떠올리면 이해하기 쉽습니다.

꼬박 이틀 동안 먹지 않는다면 동물병원에 간다

먹지 않으면 기가 생성되지 않기 때문에 식사가 가장 중요합니다. 피로 체질이면서 식욕도 떨어진 고양이에게 쇠고기나 닭고기로 만든 추천 식재료를 열심히 줘도 먹지 않는 일이 이어지면, 고양이는 점점 기를 소모해버립니다. 식욕이 떨어졌을 때는 '무엇을 먹여야 할까'보다 '어쨌든 먹을 수 있는 것'에 중점을 두길 바랍니다.

만약 물 외에 아무것도 먹지 않는다면 아직은 힘이 남아 있는 상태일 수도 있으니 이틀 정도는 조용히 상태를 지켜보아도 괜찮습니다. 하지만 시니어 고양이가 꼬박 이틀 동안 먹지 않는다면 동물병원에서 진찰을 받으세요. 여러 날 먹지 않으면 탈수가 진행되어 수액주사로 영양보충을 해주어야 할 때도 있습니다.

고양이는 먹은 것을 잘 토해내기도 해서 연령에 따라 주의 깊게 지켜봐야 합니다. 젊은 고양이가 기세등등하게 먹고 나서 울컥대며 토해내는 건 걱정하지 않아도 됩니다. 이따금씩 고양이가 좋아하는 풀을 먹고 헤어볼(소, 양, 고양이 따위가 삼킨 털이 위에서 뭉쳐 생긴 덩어리_역자주)과 함께 토하는 것도 괜찮습니다. 문제는 시니어 고양이입니다. 식욕도 떨어져 있는 데다 토하거나 설사를 한다면 같은 구토라도 사정이 전혀 다르기 때문에 바로 동물병원에 가야 합니다.

식사에 관한 고양이의 반응은 천차만별입니다. '겨우 이거에요? 이거 말고 다른 게 먹고 싶은데' 하는 표정으로 한 입도

먹지 않는 고양이가 있고, 마지못해 먹고 많이 남기는 고양이도 있습니다. 평소에 고양이의 상태를 잘 관찰해서 변화를 알아차릴 수 있도록 합시다.

허약 체질의 가정 케어(영양 부족 · 혈허)

허약 체질의 고양이는 '혈(血)'이 부족하고 영양이 충분하지 않습니다. 털이 부석부석하고, 발톱이 부러지기 쉬우며. 눈에 트러블이 자주 생기는 경향이 있습니다. 이 체질은 혀가 흰빛을 띠기 때문에 쉽게 알 수 있으며, 빈혈과 같은 느낌입니다. 또 정신이 불안정해서 자다가도 쉽게 깨거나 자주 놀라는 등 심신 모두 허약함이 느껴집니다.

신체뿐만 아니라 마음의 영양이기도 한 '혈'을 보충한다

'추천 경혈'은 다음과 같습니다.

· **혈해**(血海): 뒷다리 무릎 안쪽 윗부분의 우묵한 곳. 좌우에 하나씩 있다.
· **삼음교**(三陰交): 뒷다리의 안쪽으로, 발꿈치에서 2센티 정도 위. 좌우에 하나씩 있다.
· **족삼리**(足三里): 뒷다리의 바깥쪽으로, 무릎의 우묵한 곳에서 조금 아래. 좌우에 하나씩 있다.

혈해(血海)는 뒷다리의 무릎 안쪽에 있고, 혈의 기능이 나쁠 때 자극하면 좋은 경혈입니다. 삼음교(三陰交)는 뒷다리의 안쪽에 있으며 기혈(氣血)의 흐름을 좋게 하고 건강의 유지와 증진에 효과가 있는 중요한 경혈로 알려져 있습니다. 족삼리(足三里)는 뒷다리의 바깥쪽에 있으며 질병 예방과 체력 증강, 위장병 증상을 개선하는 데 널리 알려진 경혈입니다.

혈이 부족하면 몸뿐만 아니라 마음의 영양도 부족해져서 예

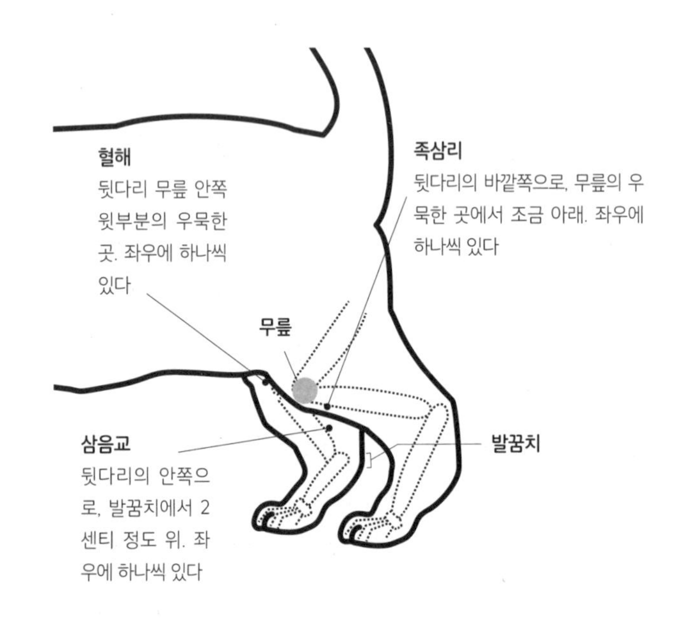

추천 식재료

간(肝)류(매일 먹이지 않는다), 정어리, 가다랑어, 연어, 참치, 계란, 당근, 파슬리, 쑥

생활의 양생 포인트

- 혈(血)을 보충할 것.
- 몸을 차게 하지 않는다.
- 식욕 유지(양질의 단백질을 섭취한다).
- 혈을 소모하는 질환이 없는지 확인한다.

민해지기 쉽고, 잠도 얕아지는 편입니다. 뒷다리에 있는 세 개의 경혈은 혈의 부족을 보충하고, 순환과 기능을 개선시키므로 조금씩 만져주어 경혈 자극에 익숙해지게 합시다. 특히 이 체질은 몸 여기저기에 뜸을 뜨는 것보다 경혈 마사지가 효과적입니다.

양질의 단백질을 토핑으로 섭취한다

'추천 식재료'는 다음과 같습니다.

간(肝)류(매일 먹이지 않는다), 정어리, 가다랑어, 연어, 참치, 계란, 당근, 파슬리, 쑥.

영양과 자양을 담당하는 혈이 부족한 허약 체질에게는 간류가 좋습니다. 단 매일 먹으면 비타민A를 과잉 섭취할 수 있으므로 주 1회 정도로 합니다. 파슬리나 쑥 같은 향초(香草)를 아주 소량만 잘게 썰어서 토핑으로 뿌려주어도 좋습니다. 고양이는 보통 야채류를 싫어해서 억지로 무리해서 먹일 필요는 없습니다.

계란은 대체로 삶아서 주는 경우가 많은데, 몸을 따뜻하게 하는 노른자 외에도 흰자를 함께 줘도 괜찮습니다. 계란 한 알은 1회 식사량으로는 너무 많기 때문에 1회당 10g 정도(메추라기 한 알 정도의 양)를 토핑으로 줍니다. 물론 메추라기 알을 줘도 상관없습니다.

익숙해지면 날계란도 먹지만, 흰자는 날것으로 많이 먹으면 비타민의 일종인 비오틴이 파괴될 우려가 있으므로(메추라기 알 흰자라면 괜찮습니다) 익혀서 주기를 추천합니다. 노른자는 날것으로 먹어도 전혀 문제가 없으므로 주르륵 뿌려주면 좋아하겠지요.

여름철에 냉방으로 몸을 차게 하지 않는다

'생활의 양생 포인트'는 다음과 같습니다.

· 혈(血)을 보충할 것.

· 몸을 차게 하지 않는다.

· 식욕 유지(양질의 단백질을 섭취한다).

· 혈을 소모하는 질환이 없는지 확인한다.

허약 체질인 고양이의 몸 어딘가에 출혈이 없는지 확인합시다. 신체 외부에 상처를 입어 발생한 출혈뿐만 아니라 신체 내부의 출혈, 예를 들면 혈뇨가 나오지는 않는지 주의를 기울여주세요. 발톱이 부러지거나 털에 윤기가 없고, 털이 빠지는 등 이상 증상이 있으면 속에 병이 숨어 있을지도 모릅니다. 혈이 소모되는 질병이 있는 건 아닌지 관찰해야 합니다. 신경 쓰이는 증상이 있을 때는 수의사에게 상담하면 좋습니다.

여름철에는 냉방으로 몸을 차게 하지 않도록 적정한 온도를 유지해야 효과적입니다. 고양이에게 쾌적한 실내온도는 보통 26도 정도지만 고양이의 상태를 봐서 조절해주세요. 시니어 고양이는 여름에도 보온 복대 같은 옷을 입으면 좋겠지요. 히트텍 소재로 통치마 모양의 옷을 만들어 입히는 집사도 있습니다. 몸에 붙는 옷 종류를 싫어해서 입으려고 하지 않는 고양이에겐 에어컨온도를 올리거나 잠자리 이불을 따뜻한 것으로 바꿔주는 등 실내온도를 너무 차지 않게 유지해주세요.

동양의학에서 혈은 먹은 음식으로 만들어지는 기를 토대로 생성된다고 인식합니다. 즉 혈을 만들기 위해서는 기가 필요합니다. 허약 체질의 고양이는 피로 체질의 가정 케어법을 참고해도 좋습니다.

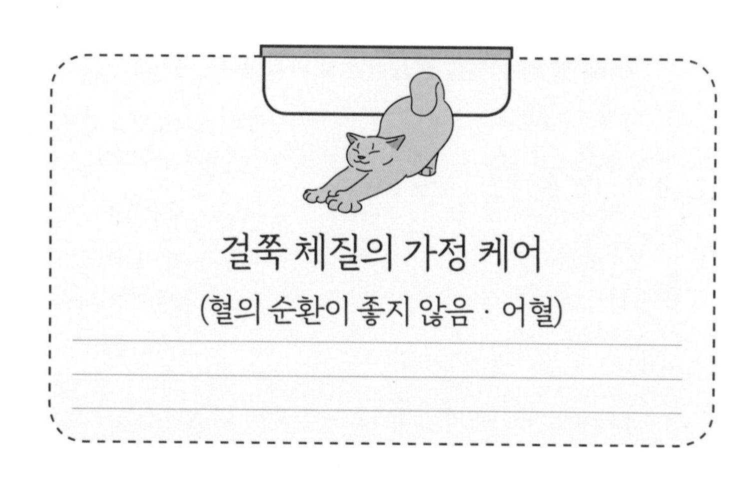

걸쭉 체질의 가정 케어
(혈의 순환이 좋지 않음 · 어혈)

걸쭉 제질의 고양이는 몸속을 원활하게 흘러야 하는 '혈(血)'이 잘 흐르지 못합니다. 혈의 흐름이 원활하지 않은 곳에는 통증이 생기거나 뾰루지 같은 종양이 생기기 쉽습니다. 혀의 색은 보랏빛을 띱니다. 또 털 밑의 피부나 코끝 등에 반점 같은 기미가 생기는 일이 잦은데 역시 혈의 흐름이 나쁘기 때문입니다.

◯ '기'와 '혈'의 경혈을 병용하면 효과적이다

'추천 경혈'은 다음과 같습니다.

· **혈해**(血海): 뒷다리 무릎 안쪽 윗부분의 우묵한 곳. 좌우에 하나씩 있다.
· **삼음교**(三陰交): 뒷다리의 안쪽으로, 발꿈치에서 2센티 정도 위. 좌우에 하나씩 있다.
· **태충**(太衝): 뒷다리 첫째 발가락과 둘째 발가락의 사이. 좌우에 하나씩 있다.

혈해(血海), 삼음교(三陰交), 태충(太衝) 모두 뒷다리 안쪽에 있습니다. 혈해, 삼음교 경혈은 혈이 부족한 허약 체질에서도 다루지만 걸쭉 체질에도 효과적입니다. 정체되어 있는 혈의 순환을 좋게 하는 경혈이기 때문입니다.

태충은 기를 확실하게 불어넣는 경혈로, 기를 통해 정체된 혈을 강하게 밀어내는 중요한 역할을 합니다.

기를 확실하게 흐르게 하는 경혈과 혈의 순환을 좋게 하는

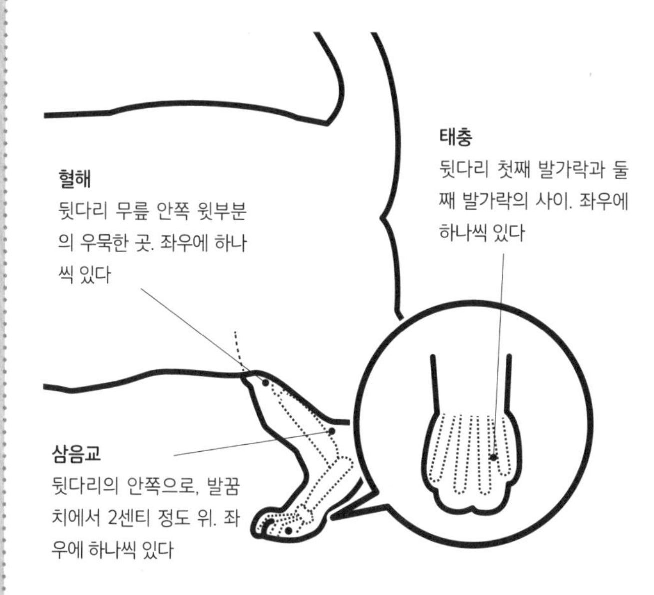

추천 식재료

쇠고기, 정어리, 연어, 꽁치, 오크라, 파슬리

생활의 양생 포인트

· 혈을 잘 순환하게 한다.
· 통증이 있을 때는 빨리 동물병원을 찾아 상담한다.
· 한방약이나 침이 잘 듣는다.

경혈을 함께 사용하면 효과를 높일 수 있습니다. 이외에도 정체된 흐름을 해소하는 데 상반신이나 발끝 마사지를 추천합니다. 또한 걸쭉 체질에는 기본적으로 뜸은 좋지 않습니다.

생선의 지방으로 혈액을 맑게 한다

'추천 식재료'는 다음과 같습니다.

쇠고기, 정어리, 연어, 꽁치, 오크라, 파슬리.

모두 혈의 순환을 돕는 식재료입니다. 특히 생선에 포함된 DHA(도코사헥사엔산), EPA(에이코사펜타엔산) 같은 오메가3(n-3)계 지방산의 지방은 혈액을 맑게 하는 효과가 있고, 고양이도 잘 먹는 식재료입니다.

그에 비해 오크라(아욱과의 일년초_역자주), 파슬리 같은 야채류 · 식물질(植物質) 식재료는 고양이에게 먹이기 어렵습니다. 열심히 먹이려는 집사도 있지만, 필수 영양소는 아니어서 시도해보는 정도로도 괜찮습니다.

'어혈(瘀血)'을 개선하는 데는 몸을 움직이게 하는 것도 효과적입니다. 인간의 스트레칭이나 느긋한 산책과 비슷하지요. 식사보다는 마사지나 운동을 통한 생활습관 개선에 신경 써야 합니다.

통증에는 한방약과 침이 효과적이다

'생활의 양생 포인트'는 다음과 같습니다.

· 혈(血)을 잘 순환하게 한다.
· 통증이 있을 때는 빨리 동물병원을 찾아 상담한다.
· 한방약이나 침이 잘 듣는다.

동양의학에서는 통증을 혈이 정체되었을 때의 신호로 인식합니다. 만약 고양이가 잘 움직이지 않는다면 통증을 느끼고 있을 가능성이 높습니다. 또 마사지를 할 때 만지는 걸 싫어하는 모습으로도 알 수 있습니다. 일찌감치 경혈 마사지로 해결하고 싶을지라도 고양이가 싫어하면 무리하지 말고 가만히 둡시다. 안아 올렸을 때 '갸악' 하고 운다거나, 한쪽 다리를 끌면서 걷는 등 상태가 명확하게 이상할 때는 빨리 동물병원으로 가야합니다.

한방약에는 혈을 돌게 하는 여러 종류의 약재가 있어서 통증을 잠재우는 데 효과적입니다. 또한 침치료는 매우 정확하게 경혈을 자극하여 즉시 효력을 발휘합니다. 침치료를 잘 참는 아이라면 통증이 있을 때 어렵지 않게 도움을 받을 수 있으므로 고양이와 집사 모두 안심할 수 있습니다. '침은 아플 것 같다'라고 생각하는 분도 있겠지만, 고양이는 아픔을 거의 느끼지 않습니다(인간의 침도 마찬가지입니다). 침을 좋아하는 고양이도 있으므로 시도해보면 좋겠지요.

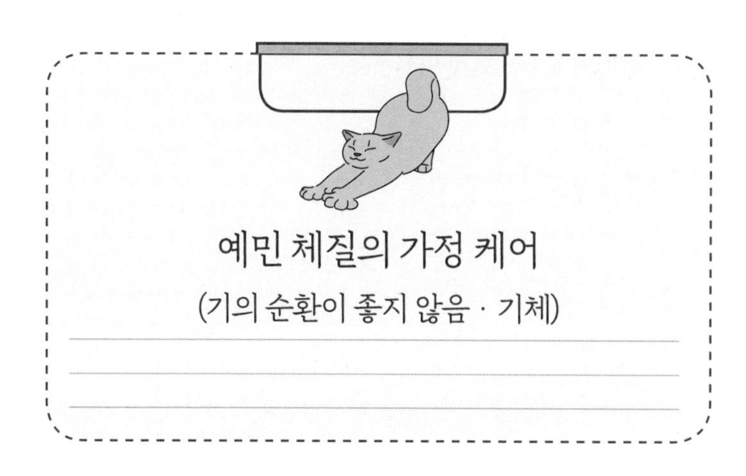

예민 체질의 가정 케어
(기의 순환이 좋지 않음 · 기체)

예민 체질의 고양이는 기의 흐름이 나쁩니다. 만지는 걸 싫어하며 공격적인 유형이 많고, 신경질적이고 불안정하여 좀처럼 잠을 자지 못합니다. 혀 가장자리가 빨갛고 눈이 충혈되기 쉬운 특징이 있습니다. 트림과 방귀가 잦고 변비가 자주 생기기도 합니다.

갈비뼈도 부드럽게 만져준다

'추천 경혈'은 다음과 같습니다.

- **태충**(太衝): 뒷다리 첫째 발가락과 둘째 발가락의 사이. 좌우에 하나씩 있다.
- **내관**(內關): 앞다리의 안쪽, 발목에서 약 2센티 위로, 다리 좌우의 근육 사이. 좌우에 하나씩 있다.
- **합곡**(合谷): 앞다리의 첫째 발가락과 둘째 발가락이 잇닿은 부분에 있는 우묵한 곳. 좌우에 하나씩 있다.

정신적으로 불안정하고 만지는 걸 싫어하는 체질에 효과적인 경혈은 태충(太衝), 합곡(合谷)입니다. 기의 흐름을 좋게 해서 초조한 마음을 안정시키고 마음을 평온하게 합니다. 합곡은 면역력을 높이고 소화 기능을 안정시키며, 트림이나 구토, 방귀나 변비 해소에 효과적입니다.

내관(內關)은 마음을 진정시키는 효과가 있어서 기의 흐름을 도와 마음을 안정되게 합니다. 이 체질의 고양이들은 만지는

합곡

앞다리의 첫째 발가락과 둘째 발가락이 잇닿은 부분에 있는 우묵한 곳. 좌우에 하나씩 있다

내관

앞다리의 안쪽, 발목에서 약 2센티 위로, 다리 좌우의 근육 사이. 좌우에 하나씩 있다

추천 식재료

청새치, 연어, 모시조개, 가막조개, 셀러리, 쑥갓, 귤

생활의 양생 포인트

- 기의 순환을 좋게 할 것.
- 생활을 재점검하고 스트레스 요인을 찾아서 제거한다.

걸 싫어해서 갑자기 마사지를 거부할 수도 있습니다. 무리하지 말고 점차 익숙해지게 합시다.

가능하면 옆구리의 갈비뼈 주변도 마사지해줍니다. 스트레스로 예민한 상태일 때는 인간이나 고양이나 이 주변이 팽팽해집니다. 갈비뼈를 마사지하면 기의 흐름이 좋아지고 기분이 상쾌해집니다(129페이지의 간단 마사지 ②참조). 고양이의 몸을 옆으로 뉘었을 때 갈비뼈를 만지기 수월합니다. 등을 쓰다듬을 때처럼 갈비뼈 위를 허리 방향으로 쓰다듬어 보세요.

기본적으로 예민 체질에게는 뜸이 좋지 않으므로 주의해야 합니다.

모시조개, 가막조개를 삶은 물도 한천젤리로 활용한다

'추천 식재료'는 다음과 같습니다.

청새치, 연어, 모시조개, 가막조개, 셀러리, 쑥갓, 귤.

청새치나 연어는 삶은 후 잘게 썰어서 토핑으로 얹어주면

좋습니다. 모시조개, 가막조개는 삶아서 잘게 썰고 삶은 물과 함께 한천으로 굳혀도 좋습니다. 모시조개, 가막조개를 삶은 물 자체는 간(肝)에 좋습니다. 간장과 기의 흐름은 관계가 깊어서 기를 확실히 흐르게 해줍니다. 다만 염분이 지나칠 수 있으므로 주의해야 합니다. 맛을 보고 소금기가 느껴지면 묽게 만들어 주세요. 맛은 거의 나지 않는 편이 좋습니다.

향이 있는 셀러리, 쑥갓, 귤은 기의 순환을 돕지만 고양이가 먹기 어려운 식재료입니다. 감귤류는 기를 흐르게 하는 힘이 있어서 동양의학에는 귤껍질을 말린 진피(陳皮)라고 하는 생약도 있지만, 전혀 먹지 않는 고양이도 많습니다(귤껍질에는 고양이의 몸에 맞지 않는 성분이 함유되어 있으므로 함부로 먹이지 말아주세요). 한편, 귤을 너무 좋아해서 인간이 먹을 때마다 먹고 싶어 하는 고양이도 있습니다.

스트레스 요인은 조금이라도 개선한다

'생활의 양생 포인트'는 다음과 같습니다.

· 기(氣)의 순환을 좋게 할 것.

· 생활을 재점검하고 스트레스 요인을 찾아서 제거한다.

고양이가 예민 체질이 되기 쉬운 첫 번째 이유는 스트레스입니다. 생활 속에 스트레스 요인이 숨어 있지 않은지 잘 관찰해주세요. 가령 어린아이가 있어서 소란스럽다든지, 함께 사는 고양이와 성격이 맞지 않은지 등을 살펴봅시다. 바꿀 수 없는 환경도 있지만 고양이가 뭘 싫어하는지 알아차리는 것이 중요합니다. 알고 나면 어린아이에게 "고양이 옆에 자꾸 가면 안 돼" 하고 일러줄 수 있지요. 성격이 맞지 않는 고양이들이 함께 산다면 각자 다른 방에서 재우거나 칸막이로 분리하고, 고양이 변기를 멀찌감치 놓아 주는 등 근본적이지는 않을지라도 개선할 수 있는 방법이 있습니다.

통원이 스트레스인 고양이도 있습니다. 작은 이상 증상에도 걱정이 많은 집사들은 자주 병원을 찾는데, 고양이를 위해서라면 병원에 가는 횟수를 줄여야 합니다. 스트레스 요인을 조금이라도 개선하면 예민 체질의 건강 상태도 좋아질 것입니다.

스트레스를 받으면 습관적으로 할짝할짝 배를 핥아서 배에 있는 털이 빠지는 고양이가 있습니다. '과잉 그루밍'이라고 불리며 고양이가 자주 하는 행동입니다. 집사가 결혼을 했다든가, 아기가 태어나는 등 여러 가지 원인으로 나타납니다. 변화된 상황에 익숙해질 때까지 마음을 안정시키는 한방약을 사용하여 대책을 세울 수도 있습니다. '어쩔 수 없다'며 포기하지 마시길 바랍니다.

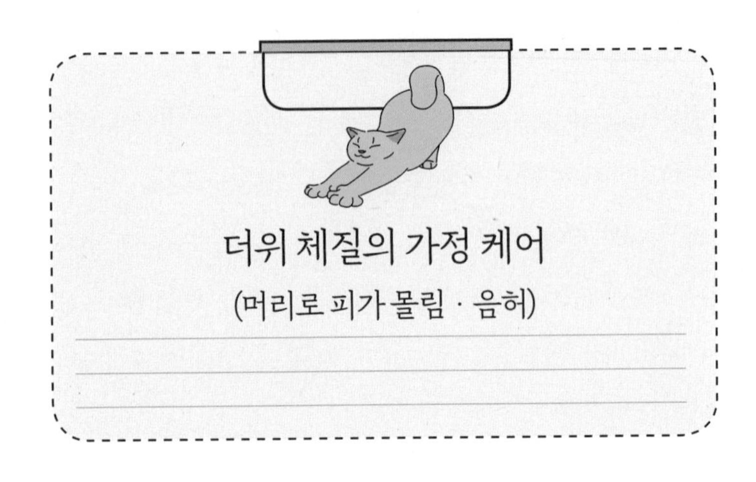

더위 체질의 가정 케어
(머리로 피가 몰림 · 음허)

더위 체질의 고양이는 몸속을 식히는 기운(음(陰))이 부족한 상태입니다. 더위를 잘 타며 발끝과 귀를 만지면 뜨겁고, 차가운 곳에서 자고 싶어 합니다. 인간으로 말하면 갱년기에 열이 오르는 증상과 비슷한 유형입니다. 혀가 빨갛고 다소 작으며 털은 푸석푸석하고 건조한 느낌입니다. 때때로 마른기침을 하고 몸이 마른 편이라는 특징이 있습니다.

몸을 따뜻하게 하지 않는다

'추천 경혈'은 다음과 같습니다.

· **태계**(太谿): 뒷다리 아킬레스건의 안쪽. 좌우에 하나씩 있다.
· **삼음교**(三陰交): 뒷다리의 안쪽으로, 발꿈치에서 2센티 정도 위. 좌우에 하나씩 있다.
· **조해**(照海): 뒷다리 안쪽복사뼈 아래. 좌우에 하나씩 있다.

태계(太谿)는 아킬레스건의 안쪽에 있고 체내에 있는 여분의 수분을 배출시킵니다. 삼음교(三陰交)는 무릎 안쪽에 있으며 소화기 계통의 허약을 개선하고 기혈을 조절합니다. 조해(照海)는 뒷다리의 안쪽 복사뼈 바로 아래에 있으며 열을 통과시키는 데 유용합니다.

경혈은 모두 다리의 안쪽에 위치하는데, 수(水)의 대사에 관련이 깊은 경락이 몸의 안쪽을 지나고 있기 때문입니다. 비교적 바깥쪽보다 만지기가 어려워서 안과 밖을 동시에 만져도 상관없습니다. 아킬레스건을 살짝 끼우듯이 해서 양쪽을 만지

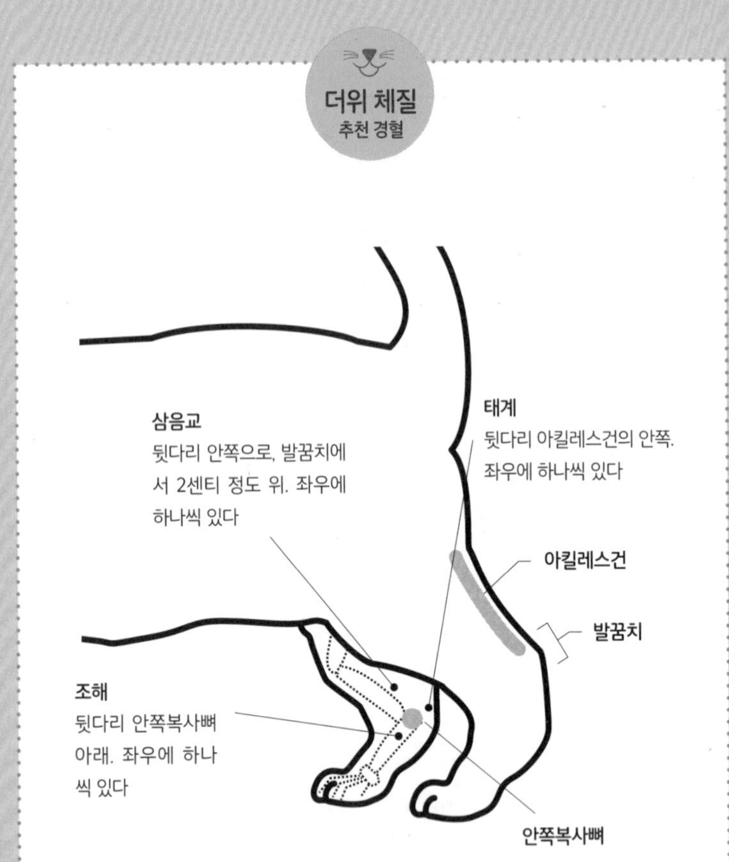

추천 식재료

돼지고기, 오리고기, 굴, 뱅어, 당근, 아스파라거스, 계란

생활의 양생 포인트

- 음을 보충할 것.
- 균형 잡힌 식사와 음을 보충하는 식재료를 섭취한다.
- 자극에 민감해지기 쉬우므로 지나치게 피곤한 활동은 피하고, 평온한 생활을 유지한다.

면 쓰다듬기 쉽겠지요. 칫솔을 사용해서 사각사각 빗질하기도 수월합니다.

더위 체질의 고양이들은 따뜻하게 하지 않는 것이 중요합니다. 원래부터 뜨거운 체질인데 열을 더하면 증상이 악화되기 쉽습니다. 뜸 역시 좋지 않습니다. 겨울철이라도 고양이용 핫카펫(가정용 난방기구의 하나. 양탄자 같은 깔개에 전기를 통하게 하여 따뜻하게 하는 장치_역자주) 등 자신의 체온 이상이 되는 열원(熱源)으로 따뜻해지지 않게 합니다. 대신 모포 등을 덮어 주면 좋겠지요.

시니어 고양이는 더위를 타는 음허(陰虛) 성질과 추위를 타는 양허(陽虛) 성질을 모두 가지고 있어서 복잡한 경우가 있습니다. 따뜻한 곳과 차가운 곳을 마련해서 고양이가 자유롭게 오갈 수 있다면 이상적이지만, 캣하우스 안에서 생활하는 상황이라면 따뜻하게 하지 않는 쪽이 좋습니다.

몸을 따뜻하게 하는 육류, 차게 하는 육류

'추천 식재료'는 다음과 같습니다.

돼지고기, 오리고기, 굴, 뱅어, 당근, 아스파라거스, 계란.

동물질(동물의 특성을 나타내고 있는 물질. 대체로 탄수화물은 적고 지방과 단백질이 많다_역자주) 식품으로는 돼지고기, 오리고기, 굴, 뱅어가 있습니다. 고기는 종류에 따라 몸을 따뜻하게 하는 정도가 다르며 돼지고기는 몸을 거의 따뜻하게 하지 않습니다. 한편 양고기나 사슴고기는 몸을 따뜻하게 하는 성질이 강하기 때문에 더위 체질의 고양이에게는 맞지 않습니다.

돼지고기는 완전히 익혀서 주어야 합니다. 인간이 날것으로 먹을 수 있는 건 날것으로 주어도 문제없지만, 굴은 익히는 것이 좋겠지요. 굴 한 개는 양이 과하므로 삶은 후 썰어서 나눠 줍시다. 육류는 표면에 세균이 붙어 있을 가능성이 있으므로, 돼지고기를 제외하고는 '표면만 살짝 굽는' 상태로 줘도 괜찮습니다. 고양이의 위장은 인간보다 세균에 훨씬 강하기 때문에 인간이 식중독에 걸리지 않는 음식이라면 문제없습니다.

일상의 스트레스를 완화한다

'생활의 양생 포인트'는 다음과 같습니다.

· 음(陰)을 보충할 것.

· 균형 잡힌 식사와 음을 보충하는 식재료를 섭취한다.

· 자극에 민감해지기 쉬우므로 지나치게 피곤한 활동은 피하고, 평온한 생활을 유지한다.

음(陰)이 부족한 고양이는 몸이 건조하고 다소 예민해지기 쉽습니다. 앞에서 다룬 예민 체질과 비슷하며 자극에 민감해지고 화를 잘 냅니다. 소리에 과민하게 반응하거나 느긋한 느낌을 잃은 것처럼 보이기도 합니다. 인간으로 말하자면 사소한 일에 짜증이 많아지는 현상과 비슷합니다.

더위 체질의 고양이는 자주 분노의 스위치가 켜집니다. 예민 체질과 마찬가지로 스트레스의 요인을 찾아서 제거하여 조금이라도 완화해주려는 노력이 필요합니다.

무엇보다 균형 잡힌 식사가 중요합니다. '건식사료 + 습식사료'를 기본으로 하고, 추천 식재료를 토핑으로 사용하여 영양가 있는 식단을 구성해보세요. 늘 강조하지만, 무엇이든 과한 건 좋지 않습니다.

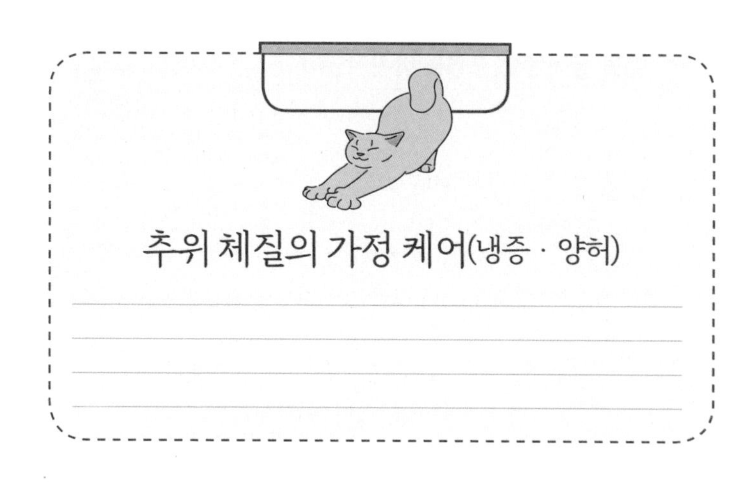

추위 체질의 가정 케어(냉증 · 양허)

추위 체질의 고양이는 몸속을 따뜻하게 하는 양기(양(陽))가 부족한 상태로, 더위 체질과 반대 유형입니다. 추위를 잘 타며 몸, 특히 배를 만지면 대체로 차갑게 느껴집니다. 혀는 창백한 느낌이고 설사를 자주 하는 특징이 있습니다. 에어컨이 돌아가는 장소를 싫어하고, 입이 짧아서 음식을 가리는 경우가 많습니다.

열을 불어넣는 경혈을 마사지한다

'추천 경혈'은 다음과 같습니다.

· **요백회**(腰百会): 등뼈를 꼬리 방향으로 더듬어 허리와 이어진 부분 주변의 우묵한 곳.
· **명문**(命門): 마지막 갈비뼈에서 엉덩이 쪽으로 약간 내려온 곳의 등뼈 위.
· **관원**(関元): 배꼽과 치골을 이은 선을 3등분해서 배꼽에서 3분의 2쯤 내려간 곳.

요백회(腰百会)는 양의 기를 높이거나 회복시키는 경혈입니다. 본래 백회(百会) 경혈은 인간과 동물 모두 정수리에 있는데, 동물의 허리에 백회라고 불리는 곳이 있기 때문에 '허리 요(腰)' 자를 써서 '요백회'라고 구별합니다. 배에 있는 관원(関元)은 자율신경계나 호르몬계를 의미하는 신(腎)을 따뜻하게 하는 경혈입니다. 명문(命門)도 몸을 따뜻하게 하는 경혈로 알려져 있습니다.

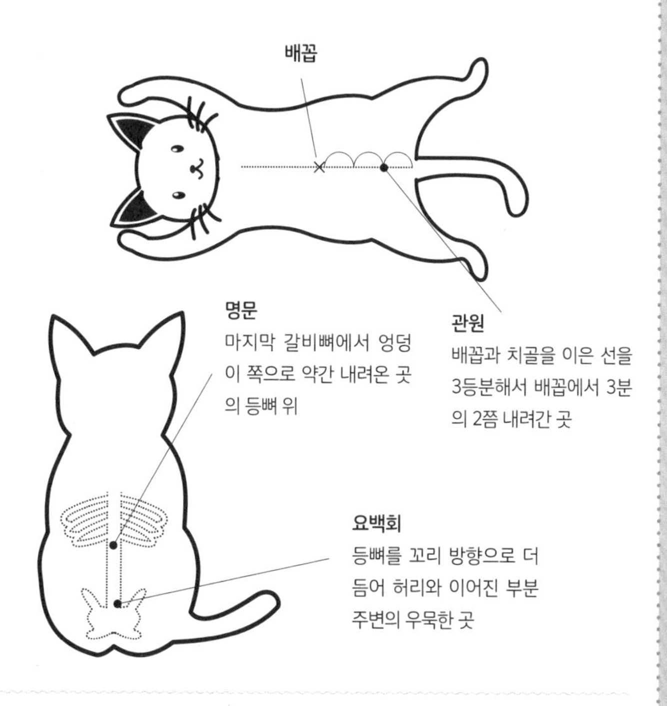

추천 식재료

양고기, 사슴고기, 정어리, 전갱이, 참치, 호박, 소송채, 노른자위

생활의 양생 포인트

· 양(陽)을 보충할 것.
· 몸을 차게 하지 않는다. 몸을 따뜻하게 하는 식재료를 섭취한다.
· 적당한 운동으로 근육을 기른다. 일광욕을 한다.

이 세 곳은 열이 확실하게 들어가는 경혈이기 때문에 부드럽게 마사지해주고, 차갑게 하지 않는 것이 중요합니다. 경혈에 손을 대는 것만으로도 열을 넣을 수 있습니다.

이 부위뿐만 아니라 전신 마사지도 몸을 따뜻하게 해주므로 추천합니다. 추위 체질의 고양이라면 동양의학으로 치료하는 동물병원을 찾아 뜸을 떠주면 좋겠지요. 뜸은 몸을 따뜻하게 하여 편안하게 합니다.

양고기와 사슴고기는 몸을 따뜻하게 한다

'추천 식재료'는 다음과 같습니다.

양고기, 사슴고기, 정어리, 전갱이, 참치, 호박, 소송채, 노른자위.

조금씩이라도 좋으니 몸을 따뜻하게 해주는 식재료를 섭취하게 합니다. 특히 양고기와 사슴고기는 몸을 따뜻하게 하는 대표적인 식재료입니다. 사슴고기는 구하기 어려울지도 모르지만, 온라인에서는 익혀서 팩에 넣은 펫푸드를 판매하기도

합니다. 꼭 사슴고기를 먹일 필요는 없지만, 고기의 종류에 따라 성질이 다르다는 것을 알아두면 좋겠지요.

최근에는 유해 동물(사람의 생명이나 재산에 피해를 주는 동물. 무리를 지어 농작물 등에 피해를 주는 동물 등을 가리킴_역자주)인 야생 사슴고기를 냉동시켜 판매하기도 합니다. 다양한 고기를 이용해서 반려동물의 식사를 준비하는 분들도 있습니다.

앞에서 '고양이의 위장은 인간보다 세균에 훨씬 강하다'라고 했듯이, 보통은 생고기로 주어도 문제없습니다(찌꺼기 고기나 내장육 등이 있으므로 품질을 잘 살펴야 합니다). 고기를 다룰 때는 도마나 식칼 등 평소에 사용하는 조리 도구와 구별하고, 사용한 후에는 깨끗이 씻어야 합니다.

인간용 식용육은 위생 상태를 엄격하게 관리하고 있지만, 펫용 식재료는 위생적이지 않습니다. 많은 수의사들이 세균의 위험성을 이야기하며 도마 등이 감염원이 될 수 있다고 지적합니다. 소중한 고양이를 위해 무엇을 먹일까 고민하는 일은 좋지만, 그것으로 인해 인간의 건강을 해치는 일이 일어나서는 안되겠지요.

일광욕을 자주 한다

'생활의 양생 포인트'는 다음과 같습니다.

· 양(陽)을 보충할 것.

· 몸을 차게 하지 않는다. 몸을 따뜻하게 하는 식재료를 섭취한다.

· 적당한 운동으로 근육을 기른다. 일광욕을 한다.

추위 체질의 고양이는 몸을 차게 하지 않는 생활 습관이 중요합니다. 적당한 운동을 하고 근육을 기르면 도움이 되므로 함께 놀아주면서 몸을 움직이게 해야 합니다. 고양이는 양지에서 볕쬐기를 좋아하는데, 특히 일광욕은 추위 체질 고양이에게 필요한 습관입니다. 유리창 너머로도 좋으니 볕이 잘 드는 방 안에 고양이의 쉼터를 마련해줍시다. 따뜻한 양지를 발견한 고양이가 기분 좋게 일광욕을 즐길 테니까요.

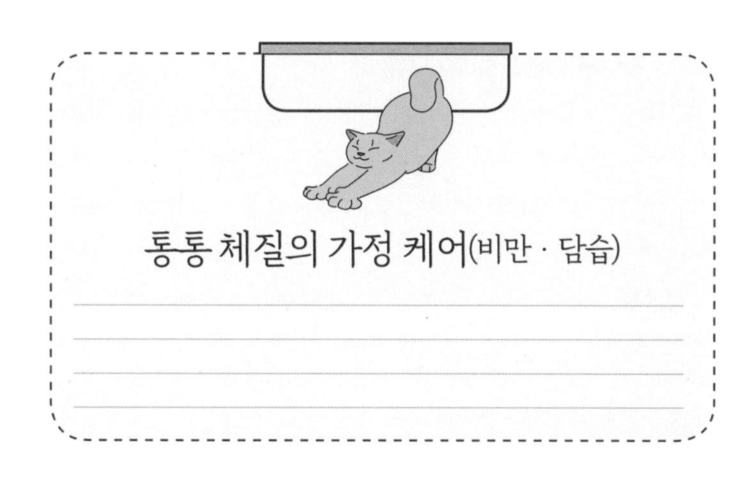

통통 체질의 가정 케어(비만 · 담습)

통통 체질의 고양이는 체내의 수분 대사가 원활하게 되지 않는 상태입니다. 위장 기능이 저하되어 음식물이나 물을 소화 · 흡수 · 배설하지 못하고 정체된 수분(담습)이 몸에 괴어 있습니다. 혀는 부석부석하고 운동을 싫어해서 살이 찐 것이 특징입니다. 피부에 트러블이 많고 사마귀가 잘 생깁니다.

경락을 중심으로 마사지한다

'추천 경혈'은 다음과 같습니다.

· **음릉천**(陰陵泉): 뒷다리 안쪽의 정강이뼈를 무릎 쪽으로 더듬어가서 멈춘 곳. 좌우에 하나씩 있다.
· **풍륭**(豊隆): 뒷다리 바깥쪽으로, 무릎과 발뒤꿈치의 중간. 좌우에 하나씩 있다.
· **중완**(中脘): 명치와 배꼽을 연결한 선상(線上)의 중간.

운동을 싫어해서 다소 살이 찌고 배에 지방이 많은 통통 체질은 인간으로 말하면 대사증후군 체질에 해당합니다.

뒷다리에 있는 음릉천(陰陵泉)과 풍륭(豊隆), 배에 있는 중완(中脘)은 몸에 쌓인 습(湿)을 제거하기 쉬운 경혈입니다. 특히 음릉천과 풍륭은 '비경(脾経)'과 '위경(胃経)'이라고 하는 서로 관련된 경락상에 있고, 여분의 수(水)를 배출하는 효과가 있습니다. 정확한 부위를 만지기보다 뒷다리의 안쪽 바깥쪽 모두 아래위로 쓰다듬듯이 마사지해주면 좋습니다.

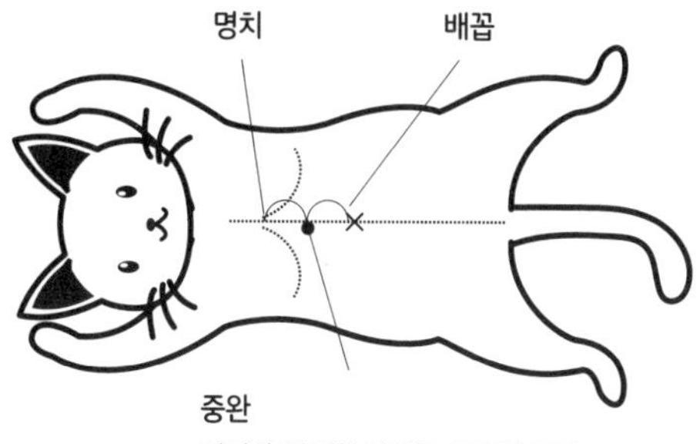

중완
명치와 배꼽을 연결한 선상의 중간

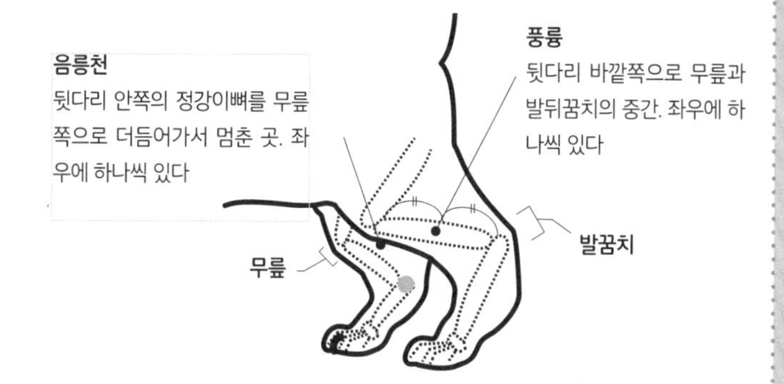

음릉천
뒷다리 안쪽의 정강이뼈를 무릎 쪽으로 더듬어가서 멈춘 곳. 좌우에 하나씩 있다

풍륭
뒷다리 바깥쪽으로 무릎과 발뒤꿈치의 중간. 좌우에 하나씩 있다

추천 식재료

오리고기, 바지락, 농어, 은어, 파래, 김, 동아

생활의 양생 포인트

· 습을 제거할 것=수분의 배설. 지질(지방질)과 당질을 억제하고 살이 찌지 않게 한다.
· 장난감 등을 사용해서 적당한 운동과 자극을 준다.

통통 체질의 고양이는 아마도 몸이 무겁고 나른하다고 느낄 것입니다. 마사지로 조금씩 수를 제거하면 몸이 가볍다고 느낄 것입니다.

김을 토핑으로 활용한다

'추천 식재료'는 다음과 같습니다.

오리고기, 모시조개, 농어, 은어, 파래, 김, 동아.

오리고기, 모시조개, 농어, 은어는 삶아서 익히거나 날것으로 줍니다. 모시조개는 고양이가 먹기에는 크기 때문에 삶아서 잘게 썰어 줍시다. 삶은 물과 함께 한천으로 굳혀서 한천젤리를 만들어도 좋겠지요. 삶은 물에서 염분이 느껴지면 짠맛이 거의 나지 않을 정도로 묽게 해주세요.

고양이는 야채류나 식물질 식재료는 싫어하지만 김은 좋아합니다. 토핑으로 적극 사용해보세요. 염분이 많을까 봐 염려하는데, 극소량이므로 문제없습니다. 다만 조미김과 한국산 김

에는 염분이 많으므로 주지 않아야 합니다. 또한 동아 등 참외 계통 식재료는 수의 배출을 쉽게 합니다. 익히면 걸쭉해지므로 소량의 고기와 섞는 방법도 추천합니다.

몸을 자주 움직이게 한다

'생활의 양생 포인트'는 다음과 같습니다.

· 습(濕)을 제거할 것=수분의 배설. 지질(脂質, 지방질)과 당질을 억제하고 살이 찌지 않게 한다.
· 장난감 등을 사용해서 적당한 운동과 자극을 준다.

통통 체질이라는 이름이 말해주듯이 살이 찌기 쉬운 체질입니다. 식사량에 신경 쓰고 고양이가 원하는 만큼 주는 건 자제합시다. 종종 인간이 먹는 빵이나 단 음식을 먹으려는 고양이는 당뇨병의 위험성이 높아질 수 있으므로 주의해야 합니다. 그렇지만 살이 쪘다고 해서 집사의 주관에 따른 급격한 다이어트는 위험합니다. 수의사가 정한 칼로리를 토대로 식사량을 지키고, 충분한 시간을 가지고 접근해주세요.

운동을 싫어하는 유형이지만 고양이 낚싯대나 장난감으로 놀이에 열중할 수 있게끔 전환시키는 일도 중요합니다. 바깥 풍경이 보이는 곳에 캣타워를 설치해서 자연스럽게 상하운동을 하도록 자극하면 좋겠지요. 다만 시니어 고양이들은 하반신이 약하므로 올라가기 쉬운 나지막한 높이를 추천합니다.

제4장

고양이의 생명력을 기르는 동양의학의 지혜

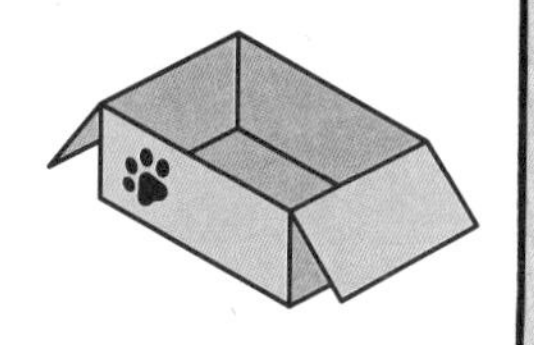

체력을 끌어올리는 경혈 · 마사지

생명 에너지와 체액의 흐름을 바로잡는다

이 장에서는 모든 체질에 적용되는 기본 케어인 '경혈 · 마사지', '추천 식단', '스트레스 없는 생활 양생법'을 이야기하겠습니다. 동양의학의 지혜를 살린 장수의 비결이라고도 할 수 있습니다.

동양의학의 중요한 사고방식에는 '기 · 혈 · 수(氣 · 血 · 水)'가 있으며, '기(氣)'란 눈에 보이지 않는 생명 에너지, '혈(血)'은 혈

액과 영양 및 자양, '수(水)'는 체내의 수분을 의미한다고 설명했습니다. '기 · 혈 · 수'가 지나는 길을 '경락(經絡)'이라고 합니다. 생명 에너지인 기의 흐름이 혈액과 영양과 관련한 혈과, 수분인 수의 순환을 촉진시킵니다.

경락은 온몸에 자리하고 있으며, 곳곳에 이상 증상이 나타나기도 하고, 직접적으로 자극을 줌으로써 각 기관에 영향을 미치는 포인트가 있습니다. 이것이 '경혈(經穴)'입니다. 인간과 마찬가지로 고양이도 주로 치료에 사용하는 14개의 경락이 있고, 그 경락상에 361개의 경혈이 있습니다.

쉽게 말해 경락은 선로, 경혈은 역입니다. 기차로 도쿄에서 오사카까지 가려면 신칸센(일본의 고속 철도_역자주) 뿐만 아니라 다양한 노선을 이용할 수 있는 것처럼, 경락도 전신에 이어져 있어서 다양한 경로로 '기 · 혈 · 수'를 순환하게 합니다. 또 역에는 여러 개의 선로가 겹쳐진 분기역도 있고 단일역도 있듯이, 경혈에는 경락이 집중되어 있습니다. 위치에 따라 영향력이 큰 경혈도 있고 그렇지 않은 곳도 있습니다.

'기 · 혈 · 수'의 흐름을 바로잡아 순환을 좋게 하려면 전신을 쓰다듬거나 마사지를 하는 것이 효과적입니다. 부드럽게 어루만지면 경락의 흐름이 좋아지고 무너지기 쉬운 몸의 균형을 바로잡을 수 있습니다.

어미 고양이가 새끼 고양이를 핥는 효과가 있는 마사지

어미 고양이가 부드럽게 몸을 핥아주거나 몸을 맞대면 새끼 고양이는 안정적이고 편안한 상태가 됩니다. 이때 소화액과 다양한 호르몬이 원활하게 분비되어 건강하게 성장할 수 있도록 돕지요.

무리생활을 하는 개와는 달리, 고양이는 성묘가 되면 홀로 생활하기 때문에 옆에서 성가시게 하면 좋아하지 않습니다. 다만 집고양이는 조금 다릅니다. 야생이나 들에서 살아가는 어려움이 없기 때문인지 나이를 먹어도 새끼 고양이의 정서를 지니고 있기도 합니다. 성묘여도 스킨십을 통해 몸과 마음 모두 건강하게 지낼 수 있습니다.

마사지는 어미 고양이가 새끼 고양이를 핥는 것과 비슷한 효과가 있다고 합니다. 편안함을 느끼면서 심신이 안정되고 면역력도 높아집니다. 물론 마사지는커녕 만지는 것도 싫어하

는 고양이가 있습니다. 집사는 고양이를 마사지 해주기 전에 만지면 좋아하는 부분과 싫어하는 부분을 알아두어야 합니다. 무엇이든 고양이가 싫어하지 않는 범위 내에서 서서히 익숙해지게 해야 합니다. "네 건강을 위해서야!"라며 억지로 마사지를 하면 고양이에게 스트레스를 주어 백해무익할 뿐입니다.

고양이는 체구가 작아서 초보 집사가 경락과 경혈의 위치를 정확하게 찾기는 어렵습니다. 경락과 경혈의 정확한 위치에 지나치게 구애받지 말고 '대략 이 근처' 정도로도 괜찮습니다. 우선 고양이의 온몸 구석구석을 만지며 가볍게 쓰다듬기부터 시작해보세요.

머리와 등부터 만져서 익숙하게 한다

고양이가 만지면 제일 싫어하는 부분은 발끝과 배입니다. 육구(肉球, 고양이나 개 등 동물의 발바닥에 볼록하게 나온 부드러운 육질 부분으로 흔히 '발볼록살', '젤리'라고 불린다_역자주)나 발가락 사이, 발끝에는 경혈이 집중되어 특히 민감합니다. 인간의 손에는 경혈이 집중되어 있는데, 이를 고스란히 고양이 발 크기로 축소

했다고 한다면 얼마나 밀집되어 있는지 짐작이 가시나요? 게다가 평소에는 발톱을 안쪽에 넣고 있다가 발가락을 꾹 밀어서 발톱을 꺼내는 고양이의 특성을 감안하면, 매우 민감한 부분이겠지요.

고양이들은 겨드랑이 안쪽, 가랑이 안쪽을 들여다보거나 꼬리를 올리고 엉덩이를 보는 행위를 싫어하므로 억지로 하지 말아야 합니다. 반대로 진입 장벽이 낮아서 가장 만지기 쉬운 곳은 정수리에서 등뼈를 타고 내려오는 부분입니다. 또 턱 아래를 만지는 것을 좋아하고 귀, 목, 등뼈의 양옆도 비교적 만지기 쉽습니다. 머리를 만질 수 있으면 그 다음은 등으로, 조금씩 만지는 범위를 넓혀갑시다.

하지만 고양이마다 호불호가 있어서 허용 범위도 제각각입니다. 등에서 꼬리와 잇닿은 부위를 만지면 좋아하는 고양이도 있고, "꼬리는 절대로 싫다니까!"라고 표현하는 고양이도 있으니까요. 또 얼굴이나 등은 만지게 해주지만, 어깨나 앞발에 다가가면 싫어하기도 합니다. 상황을 살피고 무리하지 않는 선에서 만지는 것에 익숙해지게 해야 합니다.

의외라고 느끼실 수도 있지만, 매일 동물을 진료하는 수의

사도 고양이의 온몸을 구석구석 만지기는 상당히 어렵습니다. 고양이는 모르는 사람이 배 같은 부위를 만지면 싫어합니다. 인간을 신뢰하는 온순한 고양이라면 몰라도 대부분 싫어하기 때문에 온몸을 세심하게 만지기가 어려운 것이지요. 그러므로 집사가 평상시에 온몸을 쓰다듬으며 만지는 일에 적응시켜야 합니다.

몸을 만지는 것은 동양의학의 첫걸음입니다. 병원에서 이루어지는 동양의학적 접근 방식에는 '식사', '경혈 · 마사지 · 침구', '한방약'이 세 개의 기둥을 이룹니다. 그런데 몸에 전혀 손을 대지 못하면 할 수 있는 일이 한정됩니다. 가령 식욕이 떨어졌을 때 마사지나 침구로 식욕을 북돋울 수 있는데, 몸에 손을 댈 수 없다면 밥이나 물에 한방약을 넣고 고양이가 먹어주기를 기다릴 수밖에 없습니다. 다만 시니어 고양이들은 몸을 무리하게 만지면 스트레스만 줄 수 있으므로 기분이 좋을 때 아주 잠깐, 부드럽게 만지는 정도로 긴장을 풀어주어야 합니다.

간단 마사지는 하루 2~3분이면 충분하다

고양이가 점점 만지는 것에 익숙해졌다면 마사지를 해줍시다. 마사지를 처음 시작할 때 손쉽게 할 수 있는 다섯 가지 부위는 다음과 같습니다.

①정수리에서 등, ②양옆, ③양어깨는 고양이가 비교적 받아들이기 쉬운 부위입니다. 스킨십을 좋아하는 고양이라면 난이도가 높은 ④발끝, ⑤배에 도전해보세요. 고양이의 얼굴을 보면서 너무 강하지도 약하지도 않게 천천히 부드럽게 마사지를 합니다. 고양이의 체온은 38도 전후로 인간보다 높기 때문에 마사지 전에 양손을 맞비벼서 손을 따뜻하게 해두면 좋겠지요. 손 외에도 칫솔을 이용한 마사지도 추천합니다.

마사지를 받으면서 고양이가 기분이 좋다고 느끼는 시간은 2~3분 정도입니다. 제3장에서 다룬 경혈 마사지도 마찬가지입니다. 만지는 걸 별로 좋아하지 않는 고양이라도 2~3분 정도는 마사지를 해주면 좋겠지요. 손도 못 대게 하던 고양이가 반 년 정도 걸려서 머리만이라도 쓰다듬을 수 있게 변화했

간단 마사지 부위

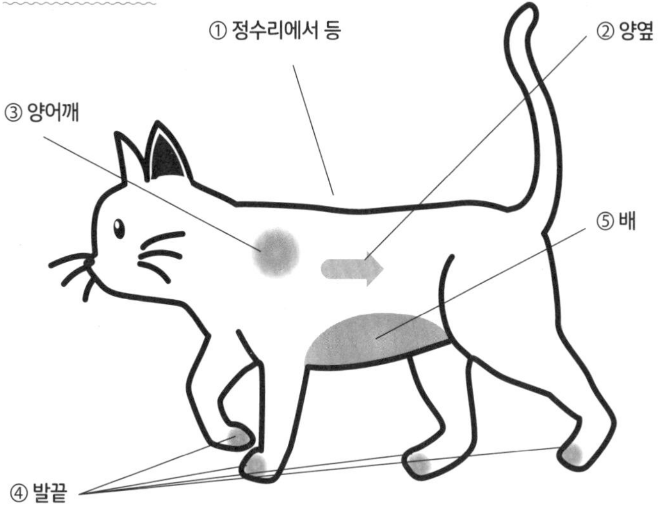

간단 마사지 하는 법

① 정수리에서 등

등뼈를 따라 손바닥으로 쓰다듬는다. 전신의 면역력을 높인다.

② 양옆

갈비뼈 위를 허리 방향으로 손가락을 이용해 빗질하듯 쓰다듬는다. '기'의 흐름을 높인다.

③ 양어깨

어깨뼈를 손가락 끝으로 원을 그리듯이 어루만진다. 어깨 결림 해소.

④ 발끝

옆에서 끼우듯이 잡고 발끝의 안팎을 가볍게 주물러서 풀어준다. 원기를 높인다.

⑤ 배

시계 방향으로 원을 그리듯이 손바닥과 손끝으로 부드럽게 쓰다듬는다. 변비 해소.

다면 큰 발전입니다. 머리는 열을 쉽게 느낄 수 있는 곳이라서 고양이 몸이 뜨거운지 차가운지를 알 수 있기 때문이지요.

개중에는 마사지를 좋아해서 더 받고 싶어 하는 고양이도 있습니다. 그렇다해도 하루에 10분을 넘기지 않는 선에서 마무리합시다. 마사지는 고양이와 집사의 소통 창구이기도 합니다. 집사 무릎 위에서 곤히 잠드는 모습을 보면 크나큰 위로를 받기도 하지요.

털 뭉침은 컨디션이 좋지 않다는 신호

매일 꾸준히 마사지를 하면 소중한 고양이의 이상 증상이나 컨디션의 변화를 일찍 알아차릴 수 있습니다. "마시지를 하다 보니 습진이 있지 뭐예요", "배를 만졌더니 멍울이 있는 것 같아서요"라고 말하며 내원하는 분들을 꽤 많이 보았습니다. 매일 머리를 만지면 '오늘은 평소보다 뜨겁네' 하고 이상을 감지할 수 있습니다. 증상이 가벼울 때라면 빨리 나을 수 있고, 종양도 조기에 발견하면 크기가 작아서 치료 효과가 높습니다. 조기 발견과 조기 치료는 수명을 연장하는 일로 이어지는 것

이지요.

마사지를 할 때 미병(未病) 단계에서 살펴볼 사항은 '만지면 평소보다 싫어하는 부위가 있다', '털이 뭉쳐 있는 곳이 있다' 정도입니다. 이는 뚜렷한 증상으로 나타나지 않더라도 통증이나 이상 증상, 체력 저하의 징후일 수 있습니다. 특히 털 뭉침은 고양이가 일상적으로 활동할 때 가랑이 같이 움직임이 많은 곳에 생기기 쉽습니다. 털이 긴 고양이는 나이가 들면 몸이 건조해져서 잘 엉클어지기 때문에 풀어도 풀어도 다시 뻣뻣한 털 뭉침이 생깁니다. 예전보다 털이 많이 뭉쳐져 있다면 피부의 신진대사를 시작으로 몸 컨디션이 떨어졌다는 신호인지도 모릅니다.

털 뭉침이 많으면 피부염이 생기기 쉽습니다. 고양이의 피부는 무척 얇은데, 뭉친 털이 펠트 상태가 되어 겨드랑이 같은 곳에 들러붙기 시작하면 피부도 함께 뭉친 털에 말려듭니다. 특히 탈수 상태인 고령의 고양이는 피부가 매우 얇게 늘어나 있어서 뭉친 털을 제거하기 어렵고, 집사가 가위로 뭉친 털을 자르려고 하다가 말려든 피부와 같이 자르는 일도 일어납니다. 털 뭉침을 절대로 가볍게 볼 수 없는 이유입니다.

'전보다 털 뭉침이 늘어난 것 같다'라는 생각이 든다면, 수분 보급 케어에 신경 쓰거나 동물병원에 데려가는 등 대응 방안을 세워야 합니다. 무엇보다 고양이가 체력을 회복하면 신진대사가 활발해져 점차 피부의 탄력이 살아나서 털 뭉침은 잘 생기지 않겠지요.

경혈로 컨디션을 조절하여 원기를 증진한다

동양의학에서는 전신의 기 · 혈 · 수의 흐름이 정체되면 컨디션이 저하되거나 병이 난다고 인식합니다. 기 · 혈 · 수가 흐르고 있는 것이 경락이고, 몸에 이상이 생겼을 때 경락상에서 반응이 나타나는 곳이 경혈입니다. 침구(鍼灸)는 경혈 마사지나 침과 뜸을 이용해 경혈에 자극을 주어 기 · 혈 · 수의 흐름을 좋게 하여 컨디션 저하와 병을 개선합니다.

앞서 '경락은 선로, 경혈은 역'이라고 했습니다. 치료법의 차이를 비유하자면 '선로가 고장나지는 않았는지 점검하는 행위를 마사지', '역을 수리하는 행위를 침구'라고 봅니다. 경혈을 자극하면 내장을 비롯한 여러 기관이 반응하여 몸 상태가 좋

아지고 병이 개선됩니다. 예를 들면 인간의 경우, 손등에 엄지 손가락과 집게손가락의 뼈가 깊이 교차하는 곳에 '합곡(合谷)'이라고 불리는 경혈이 있는데, 변비에 효과적이며 두통과 어깨 결림 개선에 좋은 역할을 합니다.

동양의학의 사고방식은 인간과 고양이 모두 동일합니다. 고양이도 경혈을 잘 자극해주면 컨디션을 조절하여 원기 증진으로 이어집니다.

손은 자연치유력을 이끌어내는 힘이 있다

고양이가 몸을 만지는 것에 거부 반응이 줄어들었다면 이제부터 경혈을 찾아봅시다. 어디까지나 다정하고 부드럽게 찾아가야 합니다. 이 책에서 사용하는 추천 경혈을 134쪽의 그림에 정리했습니다.

경혈 위치로 짐작하는 부위를 손끝으로 살살 더듬으면 다소 옴폭 패였다든지, 조금 부풀어 올랐다든지, 만지는 느낌이 약간 다른 곳이 있습니다. 이곳이 바로 경혈입니다.

다만 털로 덮여 있기 때문에 바로 알아채기 어렵습니다. 하

고양이의 주요 추천 경혈

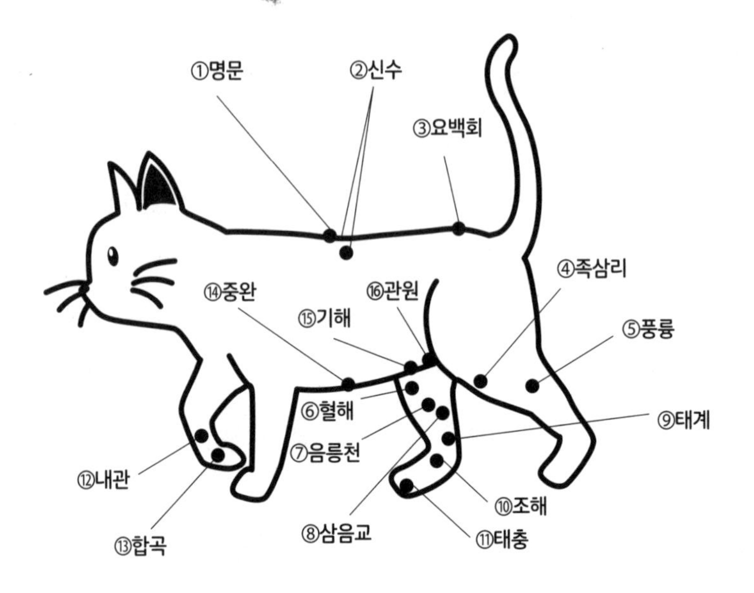

지만 그 주변에는 반드시 있습니다. 정확한 위치를 찾기보다 주변에 손을 대보거나 부드럽게 어루만지기만 해도 좋습니다.

경혈은 고양이마다 근육이 뻗어나간 모습이나 그날 컨디션에 따라 미묘하게 위치가 바뀝니다. 보통 경혈의 위치를 설명할 때 '××뼈에서 손가락 ○마디 정도 아래'와 같이 설명하는데, '손가락 몇 마디면 여기겠지' 하며 넘겨짚으면 엉뚱한 곳일

수도 있습니다. 경혈은 집사의 손의 감각을 사용해서 부드럽게 찾지 않으면 좀처럼 발견하기 어렵습니다. 단, 경혈의 세밀한 위치에 지나치게 구애받지 않는 것이 좋겠지요.

질병이나 상처를 치료하는 것을 '데아테(手当, 손을 댄다는 의미임_역자주)'라고 합니다. 옛날부터 상태가 좋지 않은 부위에 손을 갖다 대면 신기하게 증상이 좋아진다고 느꼈기 때문이겠지요. 옛사람들은 손이 자연치유력을 이끌어내는 데 좋은 역할을 한다고 경험으로 습득했습니다. 고양이도 마찬가지입니다. 신뢰할 수 있는 집사가 손으로 부드럽게 어루만져주면 정확한 위치가 아니더라도 경혈 자극에 효과가 있습니다.

고양이에게는 '아프지만 시원한' 느낌은 없다

이때 주의해야 할 점은 '고양이가 허용하는 범위를 절대로 넘지 않는다'는 것입니다. 고양이가 기분 좋은 얼굴을 하는지가 제일 중요합니다. 싫어하는데 붙잡아 놓거나 "가만있으라니까!" 하고 화를 내서는 안 됩니다. 적당할 때 기분 좋게 경혈을 만져주면 고양이 역시 심신이 안정됩니다. 하지만 혼자 가만히 있고 싶을 때 만지는 건 싫어합니다.

게다가 인간은 자신이 경험한 경혈 자극 느낌대로 과하게 만지기 쉬워서 자칫하면 고양이에게 강한 자극을 줄 수도 있습니다. 경혈이 자극될 때 흔히 '아프지만 시원하다'라고 하지요. 그 느낌 때문에 그만 자신도 모르게 힘이 들어가기 쉽습니다. 이럴 때 고양이는 무척이나 괴롭습니다. 개중에는 얌전하게 있기도 하지만 그런 경우는 드물지요. 다시 말하지만 억지는 금물입니다.

경혈은 누르지 않는다

고양이의 경혈은 '누른다'는 느낌을 가지지 않아야 합니다. 침치료를 시행하는 수의사에게 어느 부위를 어느 정도의 강도로 눌러야 하는지 배우면 좋겠지만, 혼자 (이 책도 포함하여) 책을 통해 공부해서 처음으로 실전에 적용할 때는 '누르는' 것은 추천하지 않습니다. 지나치게 강한 자극을 줄 수 있기 때문입니다. 인간용 경혈 자극 제품도 사용하지 말아주세요.

몸집이 작은 고양이를 마사지할 때는 손바닥이 아니라 손

가락을 사용해도 좋습니다. 손가락 끝으로 부드럽게 빙글빙글 돌리듯이 만져주세요. 손으로 만지는 것 외에 칫솔로 사각사각 빗질하는 것도 좋습니다. 등과 다리 안쪽 경혈을 칫솔로 사각사각 빗질해주면 좋아합니다. 칫솔 빗질은 혀로 털을 다듬어주는 느낌에 가까우니까요. 자주 눈물이 나서 눈이 가려워 바닥에 문지른다거나 안면신경마비 증상이 있는 아이의 얼굴을 칫솔로 빗질해주면 얼굴 주변에 있는 경혈 자극에 도움이 됩니다. 체모를 빗질하듯이 길게 죽 빗는 것이 아니라 짧게 빗어주는 것이 요령입니다.

경혈 자극이나 마사지는 아무 때나 괜찮지만 식사 직후의 시간대는 피해야 합니다. 식후 30분부터 해주면 좋습니다. 고양이도 배가 부르면 기분이 좋아서 만지게 해줄지도 모르지만, 그 상태에서 경혈에 자극이 들어가면 경락의 흐름이 바뀌어 소화 모드였던 체내 스위치가 전환될 수도 있기 때문입니다.

◯ 뜸이 맞지 않는 체질도 있다

경혈을 자극할 때는 온열치료를 하기도 합니다. 온열치료는 경혈에 온열을 가하여 혈의 순환을 좋게 하는 방법입니다. 주로 뜸과 봉구(棒灸, 봉 모양의 뜸), 보온물주머니 등을 사용하는데, 우리 병원에서는 화상 걱정 없이 온열자극을 줄 수 있는 전기 온열기를 사용하고 있습니다.

심하게 추위를 타는 시니어 고양이는 여름에도 냉방 때문에 몸이 차가워져서 몸 상태가 나빠지기도 합니다. 추위 체질에 속하는 몸이 냉한 고양이에게는 온열치료를 추천합니다. 예를 들어 에어컨이 돌아가는 실내에서 생활하여 배 등 신체 일부가 몹시 냉해져서 설사를 한다면, '족삼리(足三里)'라고 하는 무릎 아래의 경혈에 온열을 가하는 치료법입니다.

온열치료는 경혈에 제대로 열을 넣어서 따뜻하게 만들어주기 때문에 몸의 기능을 높이는 작용을 합니다. 서양의학으로 표현하자면, 자율신경계와 내분비계의 균형을 바로잡고 면역력 향상으로 이어지게 하는 것이죠.

우리 병원에는 온열치료를 좋아하는 단골손님 고양이가 있

온열치료를 받고 기분 좋게 쉬고 있는 고양이

습니다. 병원에 오면 "늘 하던 거 해줘요." 하는 느낌으로 누웠다가, 치료가 끝나면 정말이지 기분이 좋은 듯 기지개를 한답니다. 최근에는 시간이 다 되어 "미안. 오늘은 여기까지예요." 하고 치료를 끝냈더니 "응? 벌써 끝이라고?" 하는 듯 아쉽다는 표정으로 돌아가더군요.

온열치료의 효과는 높은 편이지만 주의를 요하기도 합니다. 온열치료는 몸이 몹시 냉한 고양이에게는 탁월한 방법이나 더위 체질의 고양이에게는 바람직하지 않습니다. 그도 그럴 것이 고양이는 체내의 수분양이 부족해지기 쉬운, 즉 가벼운 탈수증이 생기기 쉽기 때문이지요.

따라서 수분을 제대로 섭취한 후에 온열을 넣어야 합니다. 체내의 수분양이 부족한 상태에서 온열을 넣으면 너무 뜨거워지거나 탈수증이 진행될 수도 있기 때문입니다. 병원에서는 수액주사를 함께 쓰는 경우도 있습니다.

또 한겨울에는 온열치료를 하기 쉽지만, 더운 여름철에는 판단하기가 어렵습니다. 냉방으로 컨디션이 나빠지기도 하므로 온열치료를 절대로 해서는 안 되는 것도 아니니까요. 우리 병원에서 온열치료를 할 때는 보통 50도 정도로 설정하는데, 고양이의 체질과 컨디션을 보면서 여름에는 45도, 겨울에는 55도 정도로 조절하고 있습니다. 체내 수분량을 잘 살펴 온도를 조절하거나 시간을 단축하는 세심함이 필요합니다.

냉증과 열은 여기로 알 수 있다

고양이의 냉증을 알아차리기 쉬운 부위는 발끝에 해당하는 육구와 발목입니다. 냉할 때 만지면 사늘한 느낌이 듭니다. 이럴 때는 발에 있는 경혈에 온열치료를 하면 좋습니다. 다만 초

보자가 무릎이나 발꿈치 아래에 있는 경혈에 정확하게 열을 넣기는 어렵습니다. 발뿐만 아니라 배가 냉할 때도 허리의 경혈(제3장에서 설명하는 신수(腎兪), 명문(命門))에 열을 가하면 효과적입니다.

반대로 귀가 뜨겁다면 열이 확실히 있다는 뜻이므로 온열치료를 하면 안 됩니다. 기본적으로 고양이의 귀는 차가운 편이지만, 운동한 후나 흥분했을 때는 뜨겁습니다. 귀 끝은 열을 방출하는 중요한 경혈이지요. 이곳이 제대로 기능하면 열을 빠르게 방출하고 다시 사늘해집니다.

늘 귀가 뜨겁고 열이 잘 쌓이는 고양이는 머리도 같이 뜨거워집니다. 따라서 귀가 뜨거울 때는 절대로 온열치료를 하면 안 됩니다. 발끝이 조금 차가워졌다고 해도 귀가 차가워질 때까지 손으로 따뜻하게 해주거나 담요를 덮어주거나 가볍게 어루만져주어야 합니다.

뜸은 수의사와 상담한다

가끔 "열심히 뜸을 떠주고 있어요"라고 말하는 집사 분들을 봅니다. 인터넷 등에서 열심히 정보를 찾아 공유하고, '이런 병일 때 이런 뜸 치료를 했더니 효과가 좋았다'라며 정보 수집에 열정적인 분들이지요. 누구와 의논해야 할지 모를 때 나름대로 인터넷에서 경혈과 뜸을 뜨는 방법을 익히고 시도하는 집사도 있습니다. '우리 아이 상태가 안 좋은 거 같아. 어떻게든 해주고 싶어', '고양이가 더 건강해져서 오래 살았으면 좋겠어'라는 바람이겠지요.

얼핏 같은 증상을 보이고 서양의학적으로 병명이 같더라도, 냉증(양허)과 열(음허)은 전혀 다릅니다. 동양의학이 중시하는 '체질'로 판단하면 뜸이 맞는지 안 맞는지가 완전히 뒤바뀔 수도 있습니다. 집사 입장에서 같은 병명이면 '뜸으로 좋아졌다고 하니 우리도 시도해보자'라는 마음으로 시판용 뜸을 사용하기도 합니다. '동물에게 좋다고 하니까'라는 생각으로 실제로 해보는 것이죠. 뜸은 어렵지 않은 케어 방법이기는 하지만 주의가 필요합니다. '스트레스가 될 것 같은 뜸은 뜨지 않는다', 즉 인간의 마음이 앞서서는 안 됩니다. 고양이에게 뜸을 떠주고 싶은 분은 먼저 동양의학 수의사와 의논하세요.

동양의학에는 뜸과 마찬가지로 경혈 자극에 사용하는 침 치료가 있습니다. 보통 개에게는 8~10개 정도 침을 놓고, 고양이는 3~4개, 많아도 6개로 개보다 적게 사용합니다. 아무래도 고양이는 체구도 작고 자극이나 쾌·불쾌에 민감한 동물이라 신중하게 다가갑니다. 자칫하면 고양이를 위한 일이 오히려 스트레스를 주는 일이 될 수도 있기 때문이지요.

식생활로 몸을 양생한다

'**밥=식양생(食養生)'이라는 인식**

동양의학에서는 식사를 중요하게 생각합니다. 제2장에서 고양이의 체질을 확인해본 것처럼, 동양의학에서는 고양이의 체질을 일곱 가지 유형으로 분류합니다. 각 유형마다 건강을 유지하는 데 좋은 식생활이 다릅니다.

'식양생(食養生)'은 식사를 통해 병을 예방하고, 컨디션 불량을 개선하여 건강을 증진시키는 것을 말합니다. '양생(養生)'은

문자 그대로 건강을 유지하고 생명을 기르는 것으로, 식습관과 다양한 생활습관을 바로잡는 것을 의미합니다. 동양의학에서는 약을 처방하는 것 이상으로 양생을 중시합니다. 병이 되기 전, 몸 상태가 살짝 나쁜 정도의 미병일 때 치료하는 것이 가장 좋다고 봅니다. 기본적으로 병을 예방하는 식사를 하자는 것이죠.

고양이의 머리부터 발톱 끝, 꼬리까지 몸 전체는 섭취한 영양소로 이루어져 있습니다. 식사는 건강한 몸을 유지하는 데 필요한 영양분을 섭취하는 중요한 과정으로, 고양이의 체질이나 상태에 따라 식사량과 필요한 영양소가 다릅니다. 나이를 기준으로 일률적으로 정하지 않고, '십묘십색(十猫十色, 고양이마다 모두 다르다는 의미이다_역자주)'으로 달라집니다. 따라서 고양이의 체질과 상태를 잘 살피며 양생을 해야 합니다.

식양생을 실천하는 과정에서 고양이 특유의 어려움이 있습니다. 고양이는 식감 등 음식물의 취향이 확고해서 좀처럼 기호를 바꾸지 못합니다. 사료도 마음에 드는 브랜드의 제품만 먹는 일이 많습니다. 다양한 식재료를 시도해보기 어렵다는 점에서 개와 다르다고 할 수 있겠지요. 고양이를 키우면서 가장 어려운 부분이므로 집사의 관심이 필요합니다. 잊지 말아야 할 것은 '고양이는 개보다 육식 동물'이라는 점입니다. 개가 집단으로 사냥을 하는 데 비해 고양이는 혼자 사냥을 하는 동물이기 때문에 자신보다 작은 사냥감, 예를 들면 쥐나 도마뱀 같이 작은 동물, 곤충, 작은 새 등을 잡습니다. 길거리에서 쥐와 도마뱀, 나비, 매미 등을 잡는 모습을 본 적 있나요? 고양이는 본래 동물성 먹이를 잡아먹는 동물입니다. 이러한 특성에 맞춰 캣푸드를 만든 것이지요.

건식사료에 토핑을 얹어준다

캣푸드는 크게 종합영양식과 일반식으로 나뉘며 부식, 특별 요양식, 간식 등이 있습니다. 종합영양식에는 봉지에 담긴 건식사료 '카리카리'(고양이가 건식사료를 먹을 때 나는 '오독오독' 소리를 일본어로 '카리카리'라고 부른다_역자주)와 습식사료인 고양이용 통조림이나 레토르트 팩이 있습니다. 이 둘은 수분 함유량에서 큰 차이가 납니다. 건식사료는 수분량이 10% 정도, 습식사료는 75% 정도입니다.

캣푸드의 종류

종합영양식과 일반식

·종합영양식 = 주식 사료. 건식과 습식 두 종류가 있다.

·일반식 = 부식 사료. 습식이 대부분이다.

건식사료와 습식사료

·건식사료('카리카리') = 수분량은 약 10%

·습식사료(고양이용 통조림과 레토르트 팩) = 수분량은 약 75%

종합영양식의 건식과 습식 = 5:5 밸런스

종합영양식의 건식과 일반식의 습식 = 8:2 밸런스

고양이는 종합영양식인 건식사료와 물만으로도 건강을 유지할 수 있습니다. 습식사료보다 보관이 용이하고 가격이 싼 점이 장점입니다. 반면에 수분이 부족하기 쉬워서 물을 충분히 마실 수 있도록 신경 써야 합니다.

건식사료를 중심으로 하고 고양이용 통조림을 토핑으로 올려주는 집사 분들이 압도적으로 많은데, 좋은 방법입니다. 고양이는 수분 섭취가 중요하므로 습식사료로 수분량을 조금이라도 확보할 수 있기 때문입니다. '건식사료와 고양이용 통조림을 함께 주면 영양분이 너무 많아서 살이 찌는 게 아닐까?' 하고 걱정할 수도 있으나 하루에 필요한 칼로리 이상으로 주지 않으면 문제없습니다. 만약 살이 쪘다면 영양분이 너무 많아서가 아니라 식사량을 조절하지 못했기 때문입니다.

습식사료인 고양이용 통조림이나 레토르트 팩에도 종합영양식과 일반식이 있습니다. 부식으로 먹는 일반식은 고양이의 기호에 맞춰서 고를 수 있게 참치 또는 닭고기로만 구성되어 있습니다. 종합영양식이라는 생각에 일반식 고양이용 통조림만 주면 부족한 영양소가 생길 수 있으므로 주의해주세요.

'종합영양식 건식사료+고양이용 통조림 · 레토르트 팩 토핑'은 간편하고 합리적입니다. 원래는 '종합영양식 습식사료 100%'가 이상적이지만 비용과 치석 문제, 자율급여에 적합하지 않을 때도 있습니다. 건식사료와 습식사료를 반반씩 균형을 이루는 게 이상적입니다.

종합영양식 건식사료와 일반식 습식사료를 섞는 경우, 건식 80%+습식 20% 정도의 조합을 추천합니다.

토핑으로는 가공하지 않은 식재료를 준다

종합영양식 캣푸드는 균형 잡힌 영양소로 구성되어서 '건식사료+고양이용 통조림 · 레토르트 팩 토핑'의 조합으로 필요한 영양을 섭취할 수 있습니다. 다만 동양의학적 측면에서는 가공하지 않은 식재료도 추천합니다. 고양이의 체질에 맞는 토핑이라면 더욱 바람직하겠지요. 평소에 건식사료를 먹는다면 주말에는 체질에 따른 추천 식재료로 스페셜 메뉴를 주면 좋습니다.

적당한 크기의 생선을 토핑으로 올려주어도 좋습니다. 참치보다 전갱이나 정어리를 추천합니다. 고양이에 따라 생선의 잔가시를 아무렇지 않게 먹기도 하고, 신경을 쓰기도 합니다. 인간이 날것으로 먹을 수 있는 신선도라면 날것으로 주어도 상관없습니다. 토핑은 아주 소량이어도 괜찮습니다. 회를 먹을 때 고양이에게 한 점 주는 것도 좋겠지요.

사랑하는 고양이를 위해 손수 사료를 만들어주고 싶은 집사도 있습니다. 간단하게 토핑을 만드는 것부터 시작해보세요. 무엇보다 우리 고양이가 기쁘게 먹을 수 있는지를 우선으로 두고 준비하면 좋겠지요.

좋아하는 간식은 상으로 준다

간식을 마다할 고양이는 거의 없기 때문에 종종 커뮤니케이션 도구로 활용하기도 합니다. 가령 마사지를 좋아하지 않는 고양이에게 간식을 주고 먹을 동안 만지는 방법이 있지요. 발톱을 깎거나 병원에서 검사를 받는 동안 잘 참았을 때 상으로 주어도 좋습니다.

우리 고양이는 병원 검사를 몹시 싫어하는데도 검사를 할 동안 '츄르(고양이용 액상 간식_역자주)'를 정신없이 핥고 있습니다. 그 사이에 여기저기를 만지며 검사를 하지요. 고양이는 '내 몸 여기저기를 만지고 있지만 츄르를 먹을 수 있으니 됐지 뭐' 하는 표정을 짓고 있습니다. 이 방법이 모든 고양이에게 통하지는 않겠지만, 식탐이 많은 고양이에게는 효과가 있습니다.

한천젤리로 간편하게 수분 보급을 한다

본래 사막에서 살던 고양이는 수분 절약형 신체 구조로 진화했습니다. 애초에 수분을 별로 섭취하지 않기 때문에 신장병을 앓기 쉽다고 말씀드렸지요. 따라서 고양이에게 수분은 대단히 중요합니다. 물을 제대로 마셔주면 좋겠지만, 고양이에게 부탁한다고 마셔줄 리 없으니 좋은 방법을 찾아야 합니다.

먼저 집 안의 음수대를 늘립시다. 부엌, 목욕탕, 거실 등 여기저기에 음수대를 놓아주세요. 또한 아주 연한 가다랑어 육수를 한천을 이용해서 젤리 모양으로 굳힌 '한천젤리'를 추천합니다. 100% 수분이 함유된 가다랑어 맛이 나는 젤리로 고양이들에게 인기가 많습니다. 우리 고양이에게도 건식사료에 한천젤리를 얹거나 섞어 줍니다.

한천젤리 만드는 법을 살펴볼까요?

한천젤리 만드는 법

· 500cc 물에 소분한 팩 형태로 되어 있는 가다랑어포(2.5g)를 넣고 가열한 후, 끓으면 걸러내고 연한 육수를 만든다. 연하게 색이 배어 나와서

가다랑어의 풍미가 희미하게 느껴질 정도의 농도면 된다.

· 거기에 한천분말(4g)을 넣고 섞은 후, 불에 올려 완전히 녹인 다음 넓은 접시에 옮긴다. 냉장고에서 식힌 후 굳으면 완성.

500cc의 한천젤리는 고양이 한 마리당 5~7일분입니다. 냉장고에 보관하고 건식사료에 토핑으로 얹어주어 일주일 이내에 전부 섭취하도록 해주세요.

고양이가 차가운 상태를 싫어하면 잘 먹지 않을 수 있으니 상온에 두었다가 주세요. 가다랑어 육수뿐만 아니라 닭가슴살 삶은 물을 좋아하는 고양이도 있습니다. 잔멸치 국물이든 날치 국물이든 고양이의 기호에 맞춰 다양하게 시도해보세요.

주의할 점은 염분은 없어야 하고, 과립형 분말 육수는 사용할 수 없습니다. 소금과 간장, 맛술, 설탕 같은 조미료도 넣지 않습니다.

'한천 말고 젤라틴도 좋지 않을까?'라고 생각할 수도 있는데, 젤라틴은 동물성 콜라겐을 기초로 만들었기 때문에 신장과 간장에 부담을 줄 수 있습니다. 다만 갑상선에 문제가 있는 고양이라면 한천젤리는 피하는 게 좋겠지요. 해조류에 함유된

한천젤리로 손쉽게 수분 보급하기

· 재료

물 500cc, 가다랑어포 팩 2.5g, 한천분말 4g

· 만드는 법

① 물에 가다랑어포 팩을 넣고 가열한 후 끓으면 걸러내고 연한 육수를 만든다(연하게 색이 배어 나와서 가다랑어의 풍미가 희미하게 느껴질 정도의 농도).

② 한천분말을 ①에 넣고 불에 올려 녹인다. 냉장고에서 식힌 후 굳으면 완성.

· 500cc의 한천젤리는 고양이 한 마리당 5~7일분(일일분 70~100g)

· 냉장고에 보관하고 일주일 이내에 전부 섭취한다.

· 소금 등 조미료는 넣지 말 것. 과립형 분말 육수 등은 사용하지 않는다.

· 갑상선 질환이 있는 고양이에게는 주지 않는다.

요오드가 갑상선 기능에 악영향을 줄 수 있기 때문입니다.

고양이에게 가장 좋은 물은 수돗물입니다. 수돗물 대부분은 미네랄 성분이 적은 연수(軟水, 칼슘 및 마그네슘과 같은 미네랄 이온이 들어 있지 않은 물_역자주)이기 때문입니다. 만약 페트병 생수를 주려면 연수를 선택합시다. 경수(硬水, 칼슘 이온이나 마그네슘 이온

따위가 비교적 많이 들어 있는 천연수_역자주)는 피하는 것이 좋습니다. 칼슘과 마그네슘 등 미네랄이 함유되어 농도가 짙어 고양이의 신장에 악영향을 줄 수 있습니다.

건식사료는 1년마다 바꿔준다

충분한 수분 섭취와 균형 잡힌 식사는 건강을 유지하는 데 매우 중요합니다. 고양이는 음식물의 취향이 까다롭다고 하지만, 식욕은 좋은 편입니다. 사시사철 왕성하게 먹는 고양이는 장수 확률이 높겠지요. 하지만 잘 먹지 않는다고 해서 지나치게 애를 쓰지 않아도 됩니다. 원래 고양이는 식욕에 기복이 있는 동물인 데다가 취향이 확고해서 자주 싫증을 냅니다. 늘 먹던 캣푸드를 갑자기 먹지 않는 일도 흔하게 벌어집니다. 그릇에 담은 지 좀 되어서 냄새가 변하거나 식감이 달라지면 돌아보지도 않습니다. 집사라면 자주 경험하는 일이지요.

같은 사료를 계속 주지 말고 1년(=고양이의 4년) 정도마다 새로운 사료로 바꿔보세요. 같은 것만 계속해서 먹으면 익숙해진 음식물이 원인이 되어 음식 알레르기를 일으킬 가능성이

높습니다. 알레르기에 맞서려면 다양한 종류의 음식물을 접해 보는 것이 바람직합니다. 새로운 사료를 먹지 않을까 봐 염려되더라도 밑져야 본전이라는 생각으로 시도하는 대범함이 필요합니다.

아무런 이유 없이 '먹지 않는' 사태에 대비하여 고양이가 '가장 좋아하는 음식'을 알아둡시다. 물론 염분이 높은 것, 몸에 좋지 않은 건 제외하고 말이지요. 흔히 고양이는 '좋아하는 것만 먹는다'라고 알려져 있는데, 무척 좋아하는 음식을 주면 병이 나서 식욕이 완전히 사라졌을 때도 먹을 가능성이 있습니다. 이를 계기로 식욕을 되찾기도 하지요.

닭가슴살이나 쇠고기 삶은 것, 참치회 등 간을 하지 않고 먹인 후 반응을 살펴보세요. 좋아서 달려들 수밖에 없는 음식을 알았다면 1~2개월에 한 번 정도 디저트처럼 주세요. 좋아하는 모습을 보고 싶은 마음에 매일같이 주면 싫증을 낼 수 있고, 전혀 주지 않으면 취향이 바뀔 수도 있기 때문에 시기를 잘 가늠해서 주어야 합니다.

고양이의 식성은 생후 3개월에 결정된다

사료의 변화에 비교적 잘 순응하는 고양이도 있고 그렇지 않은 고양이도 있습니다. 그 차이는 새끼 고양이 때 무엇을 먹었는가에 달려있습니다. 고양이의 식성은 생후 3개월이면 거의 정해집니다. 먹는 데 관심이 없는 고양이, 음식의 변화에 조심성이 많은 고양이라면 새로운 것을 먹이기 어렵습니다.

야생에서 젖을 뗀 새끼 고양이는 어미 고양이가 잡아온 쥐나 곤충, 도마뱀 등 여러 가지 작은 동물을 먹으며 자랍니다. 반면에 가정에서 캣푸드만 먹고 자라면 다양한 종류의 음식을 먹어볼 기회가 없습니다. 그래서 새끼 고양이 때부터 '건식사료에 토핑을 얹어주는' 방법이 유용하지요. 새끼 고양이 때는 캣푸드로 필요한 영양을 충분히 확보하고 손수 만든 토핑을 함께 주면 좋습니다. 태어나 1년 동안은 장기나 뼈가 부쩍 성장하는 시기로, 필요한 영양소를 섭취하는 것이 중요합니다.

필요한 영양소는 캣푸드로 확보하고, 손수 만든 토핑으로 촉촉하고 씹는 맛이 느껴지는 다양한 식감을 조합해봅시다. 그렇게 하면 성장한 후에도 음식물 취향에 호불호가 심하지 않은 고양이로 자랍니다. 성장한 고양이의 식성을 바꾸기는 상당히 어렵지만 재료를 다르게 썰어보거나 으깨거나 해서 식감을 바꾸면 먹기도 합니다. 포기하지 말고 시간을 두고 기다려봅시다. 다양한 방식으로 균형 잡힌 식단을 구성하여 장수하는 고양이로 기르기를 바랍니다.

식성이 좋은 고양이의 다이어트는 신중하게 한다

식성이 좋은 고양이에게 원하는 대로 밥을 줬더니 살이 많이 쪘다는 고민도 자주 듣습니다. 살이 찐 고양이의 다이어트는 수의사와 상담해서 신중하게 진행해야 합니다. 혈액검사 등으로 고양이의 건강 상태를 확인한 후, 하루에 필요한 칼로리를 계산하여 철저한 관리 하에 다이어트를 해야 합니다.

대부분 1년 단위의 장기전으로 실행합니다. 인간도 '한 달에 10kg 감량!' 같은 과격한 다이어트를 하면 요요 현상이 일어나서 실패하기 쉬운 데다 건강을 해치지요. 집사의 주관에 따라 체구가 작은 고양이들에게 급격한 다이어트를 시도하는 것은 대단히 위험합니다. 꼭 수의사와 함께 의논하세요.

타우린 부족에 주의한다

타우린은 단백질의 재료가 되는 아미노산의 일종입니다. 사실 인간과 개는 체내에서 타우린을 합성할 수 있지만, 고양이는 합성할 수 없어서 반드시 식사를 통해 섭취해야 합니다. 타우린이 부족하면 시력 장해나 심장 질병이 생기므로 중요한 영양소이자 필수 아미노산입니다.

고양이용 종합영양식에는 필수로 함유되어 있지만, 일반식 위주로 손수 만든 식사를 할 때 놓치기 쉽습니다. 예를 들어 삶은 닭가슴살에 소량의 야채를 섞은 식사를 계속하면 타우린이 부족해집니다.

타우린이 풍부하게 함유된 오징어 · 문어 · 조개류는 고양이가 먹어서는 안 되는 해로운 식품입니다. 오징어나 문어에는 비타민 B1을 분해하는 효소가 함유되어 있어서 비타민B1 결핍증(각기脚氣, 비타민B1이 부족해서 일어나는 영양실조 증상. 말초 신경에 장애가 생겨 다리가 붓고 마비되며 전신 권태의 증상이 나타나기도 한다_역자주)으로 근력 저하나 보행 장해를 일으킬 수 있습니다. 또 조개류에는 햇빛에 함유된 자외선과 반응해 독성물질을 일

으킬 만한 성분이 있어서 털이 성긴 귀 등에 심한 피부염이 생기기도 합니다.

작은 동물을 잡아서 통째로 먹는 고양이라면 사냥감의 내장에서 타우린을 확보할 수 있지만, 일반식이나 집사가 만든 식사에서는 놓치기 쉬우므로 주의해야 합니다. 인간에게는 삶은 닭가슴살과 야채가 건강에 좋은 식단이지만, 고양이는 인간과 엄연히 다릅니다.

사람이 먹는 음식은 주지 않는다

인간에게 좋은 음식이 고양이에게는 해로운 경우도 많습니다. 건강하게 오래 살아주기를 바라는 마음으로 먹였는데, 오히려 건강을 해치면 큰일이겠지요. 예를 들면 양파나 마늘, 청파 등의 파 종류는 고양이의 적혈구를 파괴해서 빈혈을 일으킬 수 있습니다. 양파는 혈액 순환을 개선하는 효과가 있지만, 어디까지나 인간에게 유효합니다. 만약 고양이가 파 종류를 먹고 나서 힘이 빠지고 식욕부진을 겪거나 소변 색이 빨개졌다면 수의사와 상담하세요.

폴리페놀이 다량 함유되어 있어 몸에 좋다고 하는 초콜릿도 해롭습니다. 초콜릿에 함유된 테오브로민이라는 물질은 흥분하게 만들어 설사나 구토를 일으킵니다. 심해지면 동계(動悸, 두근거림_역자주)나 부정맥을 일으키기도 하고, 온몸에 경련이 일어나서 생명에 위협을 줄 수 있습니다. 만약 고양이가 초콜릿을 먹었다면 즉시 수의사에게 진찰을 받고 '언제 먹었는지', '얼마나 먹었는지'를 분명하게 알려야 합니다.

알코올은 절대로 안 됩니다. 고양이는 인간처럼 알코올을 분해할 수 없기 때문에 죽음에 이르는 일까지 벌어집니다. 귀엽다고 해서 핥게 하면 안 됩니다. 또한 실내에 백합이나 히아신스 등 백합과의 식물을 장식하는 것도 절대 금물입니다. 백합은 고양이에게는 급성신부전을 일으키는 맹독입니다. 무심코 잎이나 줄기를 갉아먹거나 꽃가루를 핥으면 돌이킬 수 없는 일이 생길지도 모릅니다.

새끼 고양이 때부터 캣푸드를 먹고 성장한 고양이들은 기본적으로 인간의 음식물에 관심이 없습니다. 간혹 나이가 들면 인간의 음식에 관심을 보이는 고양이도 있습니다. 어릴 때는 전혀 먹지 않던 음식물을 곧잘 먹기도 하지요. 어떻게 기호가

고양이가 먹으면 안 되는 것들

- 파 종류(양파, 마늘, 부추, 염교 등)
- 초콜릿(카카오)
- 생오징어·문어·새우, 조개류, 전복과 소라의 내장
- 커피, 알코올, 자일리톨, 인간용 약과 영양제
- 백합과의 식물(백합, 은방울꽃, 히아신스 등), 수선화 등

바뀌었는지는 분명하지 않지만요.

인간에게 맞춰진 음식물은 고양이에게는 지나치게 염분이 많습니다. 가뜩이나 신장이 약한데 지나친 염분은 수명을 단축시킵니다. 만성신부전은 시니어 고양이들이 흔히 앓는 질병이고, 고양이 사인의 1위를 차지합니다. 귀엽다고 해서, 먹고 싶어 한다고 해서, 인간의 음식물을 주면 절대 안 됩니다.

고양이는 당뇨병에 걸리기 쉽다

대부분 야생 고양이과 동물은 음식물을 찾을 때만 움직이는 습성이 있습니다. 그 후에는 나무 위나 밑동, 바위 그늘 같은 은신처에서 잠을 잡니다. 집고양이도 같은 습성을 이어받아

사냥을 하지 않아도 되는 환경일 때는 주로 잠을 잡니다. 잠만 자서 네코(일본어로 고양이는 '네코(ねこ)'인데 이름의 어원에 대해서는 여러 설이 있다. '요쿠 네루 코(よくねるこ, 잘 자는 아이라는 의미)'에서 '네코'가 유래되었다는 설이 있다_역자주)라고 불린다고 할 정도로, 고양이는 잠을 많이 잡니다. 새끼 고양이라면 하루에 보통 20시간 정도 자고, 성묘도 하루 3분의 2정도는 잠을 잡니다.

이러한 습성을 가진 고양이들은 운동 부족이 되기 쉬워 한 번에 먹는 양이 많으면 살이 오릅니다. 유전적인 영향도 있지만, 밥을 먹으면 벌렁 누워서 움직이는 걸 별로 좋아하지 않는 고양이나, 외동묘인데 집사가 잘 놀아주지 않는 고양이들은 살이 찌기 쉽습니다. 운동 부족과 과식으로 당뇨병 위험이 높아지는 건 인간과 비슷합니다.

게다가 고양이는 당질(糖質)을 잘 분해하지 못해서 분해하기까지 오랜 시간이 걸립니다. 동일한 체중의 개와 같은 양을 섭취 하더라도 분해 속도는 대략 두 배 이상 차이납니다. 그러므로 당질과 지질로 칼로리를 채우는 건 피해야 합니다.

신장병에는 저단백식이 좋을까?

최근 종합영양식은 새끼 고양이부터 시니어 고양이까지 아우르는 '전연령용' 사료가 인기입니다. 건강한 고양이라면 연령별로 사료를 바꾸지 않아도 되고, 양을 조절하고 토핑으로 보충하는 것이 좋을 수 있지만, 연령별로 교체할 것을 추천합니다.

연령별 교체 시기는 10세 전후에 시니어용으로 바꿔주면 좋습니다. 나이를 먹으면서 신장의 기능이 저하되어 신장병을 진단받는 고양이가 늘어나기 때문입니다. 진한 소변을 배출하는 신체 구조상 신장에 부담이 갑니다.

신장병에는 대체로 저단백식을 추천합니다. 단백질을 줄이고 필요한 칼로리를 지방분으로 섭취하는 식사입니다. 단백질을 섭취하면 신진대사가 신장에 부담을 준다고 보고, 신장에 부담을 덜주는 저단백식으로 구성하는 것이지요. 하지만 저단백식은 혈액검사의 수치로는 좋아진 것처럼 보여도 섭취하는 지방분은 늘어나고, 전신의 세포에 필요한 단백질은 부족해집니다. 장수에는 별 도움이 되지 않습니다.

만약 수의사에게 신장 기능이 떨어져 있다는 말을 듣고 저단백식을 추천받았다면, 세심한 상담을 받아야 합니다. 예를 들어 지금부터 단백질을 제한하지 않으면 안 되는지, 어느 정도로 제한하는 게 좋을지 등을 물어봅시다. 적어도 젊을 때부터 무작정 저단백식으로 바꾸는 건 추천하지 않습니다.

사료를 구분하는 포인트

신장병을 예방하고 악화를 억제하려면 충분한 수분 섭취가 중요합니다. 그런 이유로 얼마 전까지 초기 신장병용 사료는 수분 섭취를 유도하기 위해 염분이 조금 높은 편이었습니다. 게다가 칼로리를 채우려는 지방분이 함유된 제품이 많았습니다. 하지만 신장이 나쁘면 염분은 절제해야 하며, 필요한 칼로리를 지방분으로 보충하는 것도 바람직하지 않습니다. 요양식(療養食, 식이요법으로 병을 낫게 하는 데 사용하는 음식물_역자주)이라고 해도 이치에 맞지 않는 방법입니다.

최근에는 '신장에는 고단백식이 좋다'고 하는 인식이 널리 퍼져 단백질의 함유량이 달라졌습니다. 현재 판매되는 제품

중에서 이전과 같은 제품은 없을 것입니다. 그래도 여전히 단백질의 양을 억제하고 콘이나 포테이토, 콩처럼 고양이가 분해하기 힘든 탄수화물(당질)을 다량 함유한 사료가 많으므로 주의가 필요합니다.

사료를 선택할 때 주의할 점

- 식품 표시 리스트가 단백질부터 시작되는 것(=단백질 함유량이 많다)이 좋다.
- 콘, 포테이토, 콩 등 당질이 많은 것은 피한다.
- 배편으로 수송되는 수입 사료는 산화되어 열화(劣化, 상태나 성능·품질이 나빠지다_역자주)되기 쉽다.
- 대용량 봉지 사료는 전부 먹을 때까지 시간이 걸려서 열화되기 쉽다.

고양이의 건강을 위해 수분 섭취부터 신경 쓴다

신장병에 걸린 고양이에게는 피하수액 요법이라는 처치를 합니다. 등의 피부 밑에 수액을 주입하여 낙타의 혹처럼 수액을 고이게 하여 점차 몸속으로 흡수시키는 것이지요. 신장의 기능이 떨어지면 물처럼 연한 소변이 끊임없이 나와서 탈수가 되므로 체내에 수분을 보충해주기 위함입니다.

물론 처음에는 병원에서 수액 처치를 받지만, 시니어 고양이라면 가정에서 집사가 직접 처치하는 일도 늘어납니다. 고양이 입장에서도 강제로 병원에 가서 주사를 맞는 것보다 집에서 자고 있는 사이에 맞는 편이 스트레스를 덜 받습니다. 이 경우 다니는 동물병원 수의사에게 상담하고 처방을 받아야 합니다. 바늘로 찔러서 피부 밑에 수액 주사를 놓는 행위는 의료적인 면도 있고, 일반적으로 구할 수 있는 약품이 아니기 때문이지요. 물론 익숙해지면 빠르게 처치할 수 있지만 고양이와 집사 모두에게 스트레스가 될 수 있습니다.

피하수액이 필요할 정도까지 신기능을 떨어뜨리지 않도록 먼저 기본 사료와 체질에 맞는 토핑으로 식양생을 합시다. 그리고 음수대를 늘리거나 물이 흘러나오는 자동급수기를 준비하고, 한천젤리를 주는 등 다양한 방식으로 수분 섭취에 힘써야 합니다.

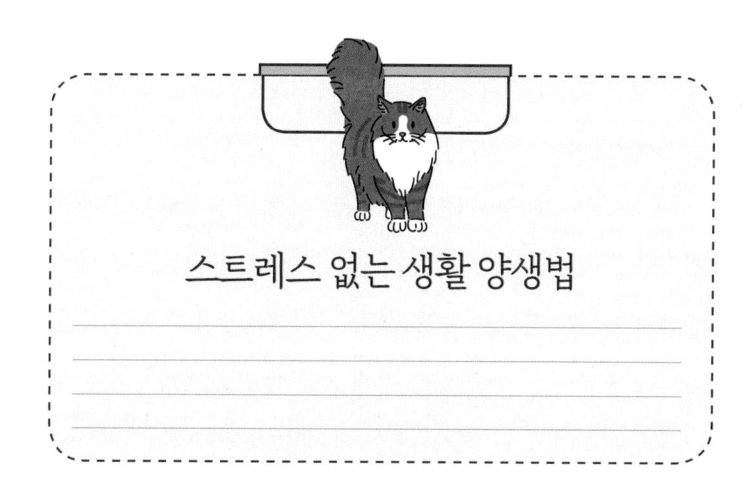

퍼스널 스페이스의 확보가 중요하다

고양이가 생활하는 주거환경은 집사가 간과하기 쉬운 문제입니다. 앞서 말한 바와 같이 고양이의 건강과 장수는 스트레스 없는 생활환경에 달려있는데, 그중에서 주거환경이 중요한 역할을 합니다. 예를 들면 고양이가 생활하는 면적과 관련하여 여러 문제가 생깁니다. 원룸에서 혼자 사는 집사가 한 마리만 기르면 그럭저럭 합격입니다. 그런데 두 마리, 세 마리를 키우면 고양이가 온전히 혼자 마음을 놓고 편안하게 보낼 공간이 없어서 스트레스를 받습니다.

형제지간이라든가 사이가 좋으면 괜찮지만 그렇지 않다면 상당한 스트레스입니다. 고양이는 단독으로 행동하는 습성이 강해서 아무리 사이가 좋다고 해도 늘 같은 방에서 함께 붙어 있지는 않습니다. 추울 때는 함께 몸을 맞대고 자기도 하지만 각각의 공간에서 행동하고 싶어 합니다. 고양이에게 다른 고양이의 기척이 느껴지지 않는 자신만의 공간을 필히 확보해주어야 합니다.

고양이의 수만큼 방이 있으면 이상적이겠지만, 도시의 주택 사정으로는 간단한 일이 아닙니다. 중요한 건 고양이가 혼자 있을 수 있는 장소가 있는지 여부이지요. 만약 원룸에서 여러 마리의 고양이를 기르고 있다면 캣타워를 활용해 아래위로 모습을 감출 수 있는 잠자리나 은신처를 만들어주세요. 그런 곳이 몇 군데 있으면 때에 따라 자신의 마음에 드는 자리에 숨어들 수 있어서 안정감을 느낍니다.

집사가 간과하기 쉬운 퍼스널 스페이스(남이 가까이 오기를 거부하는 자기만의 공간을 말한다_역자주)의 확보는 고양이의 건강과

장수에 커다란 영향을 미칩니다. 칸막이 같은 것으로 공간을 나누어도 좋습니다. 서로의 모습이 보이지 않는 곳에 잠자리를 만들어준다면 고양이도 스트레스를 받지 않고 편안히 쉴 수 있겠지요.

화장실은 고양이 수 더하기 1

스트레스 없는 고양이의 생활을 위해 화장실의 개수는 '고양이 수 더하기 1'이 가장 좋습니다. 한 마리만 길러도 화장실 두 개가 필요하고, 두 마리라면 세 개가 필요한 거지요. 말할 것도 없이 배설물은 그 즉시 치우고 부지런히 청소를 해주어야 합니다. 한 마리만 기르는 우리 집도 고양이의 화장실은 두 개입니다. 제대로 갖춘 넓은 화장실과 예비용으로 조금 작은 화장실 모두 깨끗하게 관리해줍니다. 고양이는 기분에 따라 구분해서 사용하고 있습니다.

고양이는 무척이나 깔끔해서 배설물을 꼭꼭 숨기는 습성이 있는데, 특히 화장실에 엄격합니다. 여러 마리를 기르면서 공용 화장실 밖에 없다면, 고양이들은 다른 고양이의 배설물이 너무나 싫어도 어쩔 수 없이 참고 사용합니다. 참는 일을 반복하면 신장에 결석이 생기고 건강에 결코 좋지 않습니다. 배설하고 싶을 때 바로 기분 좋게 배설할 수 있는 환경은 스트레스를 줄이고 병의 예방에 중요한 역할을 합니다.

하루 10분 의사소통을 한다

'고양이의 마사지는 2~3분이면 된다'라고 했는데, 고양이와 의사소통을 하는 시간은 적어도 매일 10분은 할애합시다. 마사지를 10분 하는 것이 아니라 '고양이에게만 집중하는 시간'을 의미합니다. 스마트폰이나 텔레비전을 보지 않고, 고양이를 제대로 보면서 말을 걸거나 놀아주어야 합니다. 특히 한 마리만 기를 때는 의사소통 시간을 꼭 지켜야 합니다.

고양이를 여러 마리 기르면 집사가 자리를 비운 시간에도 자기들끼리 충분히 놀면서 감정을 발산하고, 그루밍을 해주기도 합니다. 까슬까슬한 혀로 서로를 핥아주면 나름대로 마사지 효과도 있습니다. 하지만 매일 긴 시간 직장에 나가 있는 집사를 둔 고양이는 혼자 남아 빈집을 지키며 스트레스를 받

습니다. 다만 길고양이 출신이라면 가만히 두는 것이 스트레스를 받지 않는다고 보기도 합니다.

고양이에게 가장 중요한 점은 '스트레스를 느끼지 않는 것' 뿐입니다. "우리 고양이는 별로 놀고 싶어 하지 않는 걸요"라고 느끼는 분들께는 고양이가 책상 밑에 숨어 있을 때 고양이 낚싯대를 살랑살랑 흔들어볼 것을 추천합니다. 흥미를 가지고 눈으로 쫓거나 손을 내민다면 스트레스가 되지 않는다는 의미겠지요. 반면에 가만히 집사의 얼굴만 본다거나, 계속해서 '우' 하고 신음 같은 소리를 낸다면 그만해야 합니다.

시니어 고양이에게도 자극은 필요합니다. 마사지든 놀이든 집사와 소통하는 창구가 필요합니다. 개는 인간과 소통하며 존재하기를 원하는 동물이지만, 고양이는 다릅니다. 기본적으로 혼자 생활하는 동물이기에 저마다의 개성을 감안해서 함께 하는 것이 중요합니다.

계절을 잘 보내는 법

요즘은 냉난방 시설 덕분에 더운 여름은 시원하게, 추운 겨울은 따뜻하게 계절과 관계없이 쾌적하게 보낼 수 있습니다. 하지만 고양이에게는 춘하추동을 느끼는 일이 필요합니다. 인간도 마찬가지겠지요. 계절을 느낀다고 해서 특별한 일을 하는 건 아닙니다. 창문을 열고 환기를 하는 지극히 평범한 생활로도 고양이는 계절을 느낄 수 있습니다.

실내에서 기르는 고양이는 365일, 계속 집 안에만 머뭅니다. 쾌적한 온도에서 생활하기는 편해졌지만, 생물이기에 자연의 바람을 맞는 것이 훨씬 좋습니다. 동양의학에서는 자연의 바람을 느끼는 일을 중요하게 생각합니다. 도시에 살며 꽉 닫힌 환경에서 생활하는 고양이도 많습니다. 타워맨션(흔히 공동주택으로 만들어진 고층건물을 말한다_역자주) 중에는 창문이 열리지 않는 구조가 많습니다. 창문이 열린다고 해도 고양이가 뛰쳐나갈까 봐 위험해서 열지 못한다는 집사도 있습니다. 이처럼 햇빛은 들어오지만 계절감은 느끼기 어려운 환경에서 생활하는 고양이가 꽤 많습니다.

고양이가 계절을 느낄 수 있는 방법

· 신선한 공기가 들어오도록 창문을 열어 환기시킨다.

· 창가에 고양이가 밖을 내다볼 수 있는 자리를 만든다.
· 냉난방을 끄고 바깥바람을 실내로 들인다.
· 베란다에 5분이라도 함께 나가본다.
· 커튼을 열고 닫아서 밤낮을 구별한다.

고층건물 생활은 인간에게도 스트레스가 되기 쉽습니다. 땅이나 흙과 가까이 지내지 않는 아이들이 늘면서 자연과 어울릴 수 있는 시간을 따로 마련해주어야 하듯이, 고양이도 계절의 변화를 바람 냄새로 느낄 수 있게 해주어야 합니다. 아침저녁 반드시 환기를 하고, 창문이 열리는 구조라면 고양이가 뛰쳐나가지 않도록 주의하면서 창문을 활짝 열어 실내 공기를 바꿔줍시다.

지나치게 냉난방에만 의존하지 않고, 집사가 계절을 느끼려는 마음을 가지고 고양이를 신경 써주어야 합니다. 베란다가 있다면 5분이라도 함께 나가보는 것도 좋겠지요. 짧은 시간이라도 바깥바람을 느낄 수 있는 곳에 데리고 나가보세요.

보통 고양이의 발정기는 초봄에 찾아옵니다. 고양이는 교미를 통해서 배란이 이루어지는데, 발정해서 교미를 하면 100% 임신한다고 알려져 있습니다. 현재 도시에서 생활하는 고양이의 중성화율이 압도적으로 많은 만큼, 계절을 느낄 수 있게 해야 신체의 리듬을 맞추기 쉽습니다. 계절을 전혀 느끼지 못하는 환경에 처하면 면역력과 같은 신체 기능도 떨어지기 십상이니까요.

사계절에 따라 몸의 스위치가 전환한다

동양의학에서는 계절에 따라 맥박이 크게 변화한다고 봅니다. 맥이 뛰는 횟수는 같아도 여름에는 맥을 짚기 쉽습니다. 마치 전력 질주했을 때처럼 팔딱팔딱 뛰어서 알아차리기 수월합니다. 이는 체온을 밖으로 내보내기 쉽게 하는 맥입니다. 반대로 겨울에는 맥이 신체 깊숙한 곳에서 뛰는 것같이 조용한 맥박을 유지하며 체온을 헛되게 방출하지 않으려고 합니다. 맥박의 변화에 맞춰서 몸속을 순환하는 기 · 혈 · 수의 흐름도 빨라지거나 느려지면서 조절합니다.

계절의 변화는 장기와 관련이 있어서 몸은 그 시기에 약해지기 쉬운 장기로 에너지를 보냅니다. 오장육부(五臟六腑)에서 '오장'은 계절에 따라 약해지기 쉬운 장기를 의미합니다. 동양

의학에서는 '간(肝), 심(心), 비(脾), 폐(肺), 신(腎)'이라고 하며, 서양의학에서 말하는 간장(肝臟), 심장(心臟), 비장(脾臟), 폐(肺), 신장(腎臟)과 비슷하지만, 좀 더 넓은 의미를 가진 개념입니다.

봄은 '간(肝)', 여름은 '심(心)', 가을은 '폐(肺)', 겨울은 '신(腎)', 그리고 날씨 변화가 심한 장마철 등은 '비(脾)'와 관련 있습니다. 계절마다 큰 에너지를 필요로하는 장기가 있기 때문에 약해지기 쉽다고 인식합니다. 예를 들면 봄에는 '간(肝)'이 약해지기 쉬워서 예민해지는 경향이 있다거나, 정신적으로 불안정해지는 사람이 있다고 보는 것입니다.

계절을 느끼기 어려우면 몸이 지닌 신체리듬 전환 스위치도 켜지기 어렵습니다.

고양이도 이상 기후를 힘들어한다

계절의 변화뿐만 아니라 하루 중 명암의 변화나 낮과 밤의 변화도 중요합니다. 아침에 일정 시간 태양 빛을 받음으로써 체내 시계가 정비되고 생활리듬이 생겨납니다. 반대로 밤늦도록 잠들지 않고 낮과 밤이 바뀐 생활을 하면 생활리듬이 깨집니다. 거기에 스트레스가 쌓이면 자연치유력이 떨어집니다. 인간과 고양이 모두에게 해당하는 일이지요. 커튼을 제대로 열고 닫아서 낮과 밤의 구분을 확실하게 해줍시다. 집 안의 전등도 늦은 밤까지 눈이 부실 만큼 켜두지 않아야 합니다.

나아가 날씨의 변화도 영향을 줍니다. 근래 이상 기후는 인간뿐만 아니라 고양이도 힘들어합니다. 관절통과 신경통을 앓고 있는 고양이는 기압의 변화로 통증이 생기기 쉽습니다. 간질 발작 같은 반응을 보이는 고양이도 있습니다. 집 안에 있어도 게릴라성 호우 소리에 몹시 공포를 느끼는 고양이도 있습니다. 반대로 전혀 신경을 쓰지 않고 아무렇지 않게 자는 고양이도 있습니다. 날씨에 민감한 고양이를 키운다면 일기예보를 챙기고 '오늘은 게릴라성 호우가 내릴지도 모르겠네', '주말에는 비가 오려나' 하며 날씨의 변화를 파악합시다. 갑자기 고양이의 상태가 급변하더라도 당황하지 않고 예상 범위 안에서 생각하는 여유를 가질 수 있을 테니까요.

자연의 변화를 느끼게 한다

제1장에서 자연치유력을 언급했는데, 이 힘은 자신의 주위 환경이 변해도 몸 안을 일정한 상태로 유지하는 장치와 짝을 이룹니다. 가령 겨울에 따뜻한 방에서 추운 거실로 나가도 체온은 변하지 않는 것을 말합니다. '고양이는 털이 있고 인간은 옷을 입고 있기 때문이잖아요'라는 소리가 들려올 것 같군요.

몸은 체온을 일정하게 하는 장치—체표의 모세혈관이 수축되어 열을 방출하지 않도록 하거나, 근육이 열을 발생시키도록 떨림이 일어나는 메커니즘—를 갖추고 있습니다. 고양이나 인간 같은 동물은 '주위 환경이 변해도 몸 안을 일정한 상태로 유지하는 장치(항상성(恒常性)=호메오스타시스(homeostasis))'를 가지고 있습니다.

주위 환경의 변화란 기온의 변화, 외부의 적에게 공격당하는 것, 병원균이 우글거리는 장소에 가는 것, 상처를 입거나 병에 걸리는 것 등을 말합니다. 생물의 몸은 다양한 변화에 직면하면 원래의 건강한 상태로 돌아가려고 합니다. 자연치유력의 바탕에는 환경의 변화에 대응하는 장치가 있습니다.

그러나 몸속을 일정한 상태로 유지하는 능력을 벗어나면 병에 걸리거나 생명의 위험에 처할 수 있습니다. 인간으로 말하면 기온 변화가 원인이 되어 스트레스 호르몬이 방출되고 면역력이 저하되어 감기에 걸리거나, 눈 쌓인 산에 올라가다가 체온을 유지하지 못해서 저체온증이 되거나, 여름철 무더위 속에서 운동을 하다가 열사병에 걸리는 등 생명의 위험으로 이어질 수 있지요. '스트레스가 몸에 나쁘다'라고 하는 것도 이런 이유 때문입니다.

고양이는 스트레스에 약한 동물이기 때문에 기본적으로는 일정한 변화가 없는 생활이 바람직하다고 할 수 있습니다. 하지만 앞서 말씀드린 것처럼 계절의 변화를 느끼는 일도 소중히 해야 합니다. 바깥의 기온과 낮과 밤의 변화를 느끼는 것이 고양이의 건강에 중요한 역할을 합니다.

해가 짧아지고 길어지는 변화를 느끼고, 비가 올 것 같은 기운을 알아차리는 등 자연과 가까이하며 체내 스위치를 전환하는 일이 필요합니다. 고양이가 '겨울이 지나가고 봄이 왔네, 올해도 여름이 왔구나, 가을 느낌이 나는군, 바람에 겨울 냄새가 실려 왔네' 같은 감정을 느낄 수 있기를 바랍니다. 본래 대자연

속에서 고양이가 느껴왔던 감정입니다. 도시생활로 계절을 느끼기 어려운 생활을 하더라도 되도록 계절의 변화를 느낄 수 있게 신경 써주면 좋겠지요.

동양의학은 자연과의 유대를 중시한다

현대의 생활은 에어컨 등으로 쾌적한 환경을 누리지만, 여름철에 냉방 속에서만 지내다보면 금세 몸이 찌뿌둥해집니다. 주된 이유로 환기되지 않는 공기를 꼽을 수 있습니다. 밀폐된 건물 안에서 환기구를 통해 실내 공기를 순환한다고 해도 자연의 바람과는 다릅니다. 온도와 습도가 일정하다고 해서 무조건 좋은 환경은 아닙니다.

인간을 비롯한 생물의 몸은 외부에서 다양한 자극을 받고 반응합니다. 특히 동양의학에서는 태양과 바람, 물 같은 외계(外界), 자연계와의 유대를 중시합니다. 흔히 '우주와 이어져 있다'라는 표현을 쓰지요. 동양의학적 관점에서 자연과의 유대를 단절한 환경은 생물이 살아가기에 부자연스럽다고 봅니다. 계절이든 날씨든 변화를 느끼지 못한다면 생물이 살아가기에 바람직한 환경은 아닙니다.

고양이는 개보다도 계절을 느낄 수 없는 환경에서 살아갑니다. 개는 산책이라도 할 수 있지만, 대부분의 고양이는 실내에서만 생활합니다. 예전에는 집 안팎을 자유롭게 드나들 수 있는 환경에서 길러서 걱정이 없었지만, 요즘은 실내에서 기르는 것이 당연한 분위기로 자리잡았습니다. '고양이는 산책을 시키지 않아도 되니까 편하다'라는 생각을 가진 분도 있습니다. 부디 고양이도 자연과 교감하고 싶은 동물이라는 것을 알아주세요.

다이토 & 시로키와 함께하는
가정 케어

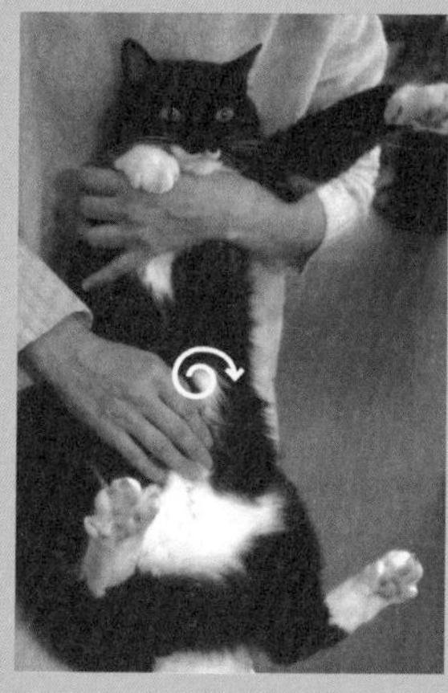

손끝으로 배를 시계 방향으로 부드럽게 마사지한다.

전기온열기로 경혈을 따뜻하게 해주어서 기분이 좋아 보이는 스코티시폴드 시로키 짱(19세). 동양의학적 치료와 가정 케어로 만성신장병을 잘 다스리고 있습니다.

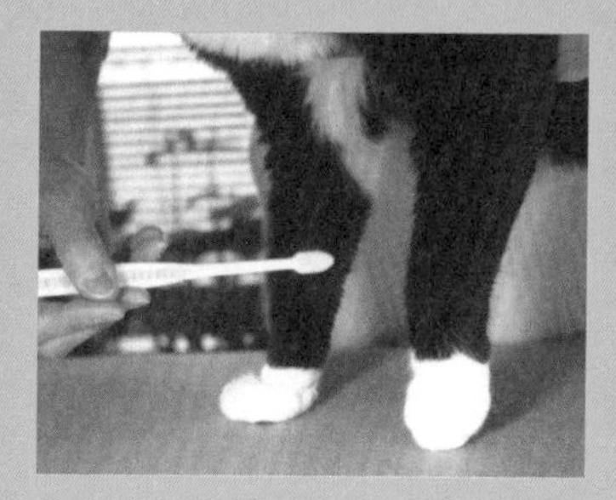

칫솔로 마사지하는 것도 추천합니다.

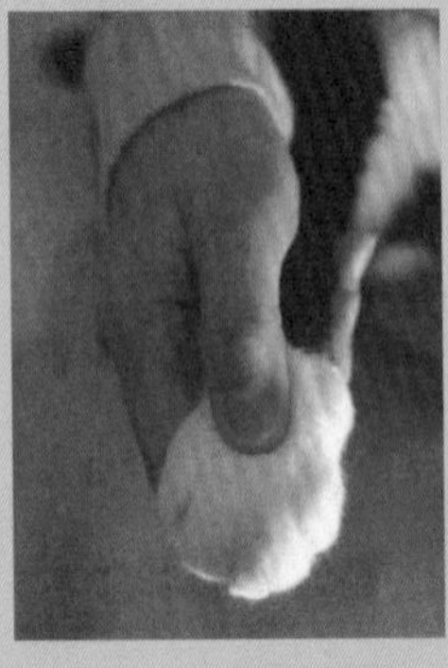

발끝의 안팎을 부드럽게 주물러서 풀어준다.

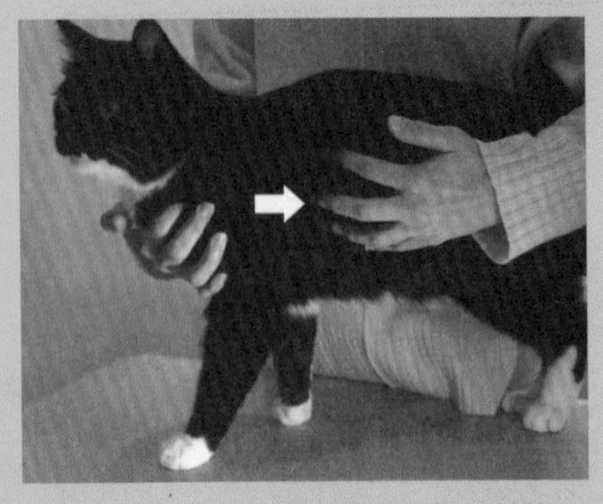

갈비뼈 위에 손끝을 대고 허리 방향으로 빗질하듯이 마사지한다.

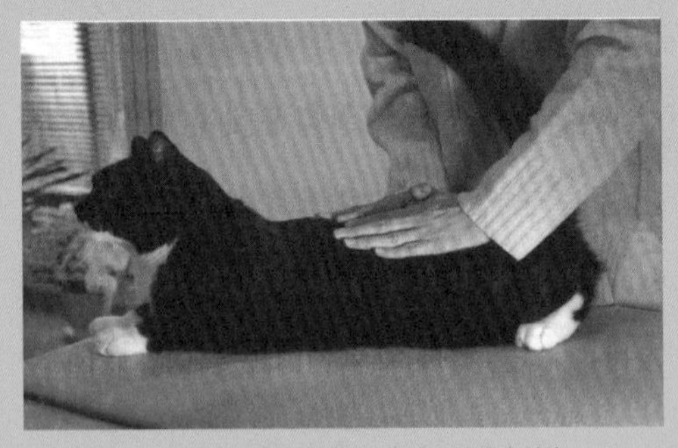

등의 경혈에 손을 대고 따뜻하게 해주기만 해도 효과가 있다.

제5장

고양이와 행복하게 살아가기

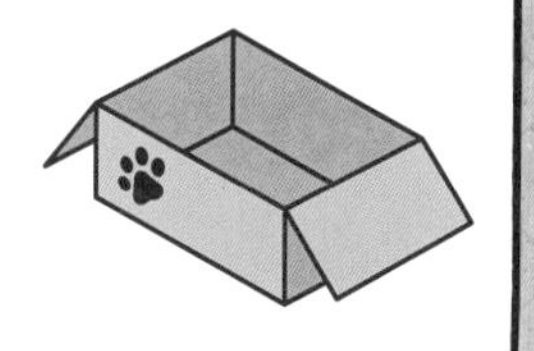

알아두면 좋은 동양의학

동양의학은 '균형의학'

동양의학의 진료에서는 '정체관(整体観)'이라는 개념을 소중히 여깁니다. 이것은 '사람과 동물 모두 자연환경의 일원이기 때문에 자연을 떠나서는 살아갈 수 없다. 몸은 계절과 환경의 변화에 항상 대응하며 움직이고 있다'라는 사고방식입니다. 동양의학에서는 정체관을 바탕으로 '질병' 그 자체를 미시적 관점으로 보는 것이 아니라, '몸 전체'를 보는 것을 중요하게 생각합니다.

서양의학과 비교하면 이해하기 쉽습니다. 병의 원인을 세세하고 철저하게 규명하는 것이 서양의학의 특징입니다. 병원균, 세포, 나아가 유전자까지 정교하고 치밀하게 조사해서 이상을 발견하고, 그것을 제거하여 정상적인 상태로 되돌리는 치료를 합니다. 물론 그렇게 해서 극복된 질병도 많지만 걸핏하면 질병 자체만 보고 사람이나 동물은 보지 않는다고 비판을 받습니다.

"요즘 의사는 컴퓨터 화면만 쳐다보고 제대로 얘기도 들어주지 않는다."

인간의 의료 현장에서 환자가 자주 토로하는 불만입니다. 의학이 발달하여 정밀하게 검사할 수 있어서 좋지만, 의사가 검사 데이터나 화상에 집중하는 나머지 가장 중요한 환자의 호소에 귀를 기울이는 일이 줄어든 것입니다. 또 고령자의 만성질환처럼 여러 곳의 기능이 조금씩 저하되어 있는 상태에서는 어딘가 한 군데를 치료한다고 낫지 않습니다. 혈압과 혈관, 내장과 뼈가 경미하게 나쁜 상태라도 10종류가 넘는 약을 처방해줘서 '받은 약을 전부 먹으면 배가 불러서 밥을 못 먹는다'라고 할 정도입니다.

한편 동양의학은 환자의 전신을 보고 증상 개선을 목표로 합니다. '병'을 보는 것이 아니라 '몸 전체'를 다룹니다. 정체관의 사고방식을 토대로, 계절이나 자연 환경과의 관련성까지 포함하여 폭넓게 파악하려는 것입니다.

병 그 자체를 치료하려는 서양의학에 비해서 동양의학은 몸 전체의 균형을 바로잡는 '균형의학'이라고 할 수 있습니다. 실제로 냉증이나 PMS(월경전증후군)와 같은 여성질환, 아토피성 피부염 같은 만성질환은 동양의학이 장기적으로 연구하는 분야입니다. 어느 쪽이 뛰어나다가 아니라, 서양의학과 동양의학에 적합하고 부적합한 부분이 있을 수 있다는 것이지요. 예를 들면 암처럼 수술이 필요한 병은 서양의학에 더 적합합니다. 기본적으로 고양이 등 동물도 같은 맥락입니다.

시니어 고양이의 건강 유지에 적합하다

특히 스트레스에 취약한 고양이들에게 서양의학의 치료 과정은 깊이 들어가면 들어갈수록 스트레스를 줍니다. 물론 대다수 수의사는 개체차를 염두에 두고 필요 이상으로 과잉 치

료를 하는 문제점을 알고 있으므로 자연치유력을 존중하는 치료를 진행합니다.

신장(腎臟)의 상태가 다소 좋지 않다고 해서 오랫동안 약을 먹이거나 식사를 엄격하게 제한하면 고양이는 힘들어합니다. 그렇게 한다고 해서 오래 살 수 있다고 보장받지도 못합니다. 혈액검사 수치가 좋지 않아도 의외로 거뜬하게 살아가는 고양이도 있습니다. 각각의 고양이가 가진 생명력과 관련되어 있기 때문이지요. 개인차를 중시하는 동양의학은 시니어기의 건강 유지에 적합합니다.

네 가지 방법으로 고양이를 진단한다

동양의학에서는 '사진(四診)'이라고 불리는 네 가지 진찰법으로 환자를 진찰합니다. 서양의학에서 행해지는 혈액검사, 방사선검사, 초음파검사 등과 마찬가지로 사진은 '망진(望診, 또는 시진(視診))', '문진(聞診)', '문진(問診)', '절진(切診, 또는 촉진(触診))'이라는 네 가지 진찰법을 말합니다.

'망진(望診)'은 환자의 전체 상태를 보면서 진찰하는 것입니다. 체형이나 털의 윤기, 걷는 모습부터 눈이나 혀의 상태, 겁먹은 모습이나 화내는 모습까지 관찰합니다.

'문진(聞診)'은 수의사의 청각과 후각으로 환자를 진찰하는 것을 말합니다. 목소리의 상태, 호흡음, 배설물의 냄새 등으로 판단합니다.

'문진(問診)'은 질문을 하면서 환자를 진찰하는 것입니다. 고양이를 비롯한 동물들에게 질문한다고 해서 대답을 들을 수는 없으니 집사와 대화를 나누면서 증상을 파악합니다.

'절진(切診)'은 환자의 몸을 만져보고 진찰하는 일입니다. 맥을 짚거나 등과 배를 만져보거나 눌러봐서 경락상의 변화나 체온, 만졌을 때의 느낌 등을 살펴봅니다.

동양의학에서는 수의사의 오감을 최대한으로 사용해서 동물을 진찰합니다. 망진, 문진, 절진은 수의사의 오감으로 진찰하지만 문진(問診)은 집사에게 의존할 수밖에 없습니다. 평소에 고양이의 상태를 잘 알고 있는 집사는 상세하게 이야기해주지만, 그렇지 않은 집사는 물어도 모르겠다는 대답만 돌아오기도 합니다. 집사는 지금까지 말씀드린 '가정 케어'로 고양이와 마주하고 소통하면서 관찰하는 눈을 가져주시길 바랍니

다. 집사가 능숙한 고양이의 대변인이 된다면 고양이에게 정확한 치료를 할 수 있습니다.

동양의학의 진찰은 이렇게 진행한다

동양의학 동물병원에서는 어떤 진찰을 하는지 우리 병원을 예로 설명하겠습니다. 초진 때는 먼저 문진표를 작성합니다. 문진표의 질문사항은 일반 동물병원보다 상세합니다. 예를 들면 '변의 상태' 항목에서는 색은 어떤지, 냄새는 어떤지, 굳기는 어느 정도고 양은 어떤지 등이 있습니다. 진료실에서는 작성한 문진표를 토대로 질문을 드립니다. 이것이 '문진(問診)'이며 상담하듯이 시간을 충분히 가지고 행합니다.

고양이를 병원으로 옮길 때 보통 이동장이나 바구니를 사용하는데, 진찰할 때는 처음부터 무리하게 꺼내지 않고 그 상태로 집사에게 질문하면서 고양이의 생김새를 관찰합니다. 경계하며 줄곧 숨어 있는 고양이도 있고, 살며시 나와서 졸랑졸랑 돌아다니는 고양이도 있습니다. 그런 모습에서도 고양이의 성격을 엿볼 수 있으므로, 그 아이를 알아가는 데 훌륭한 정보가 됩니다.

대강 질문이 끝나면 고양이를 나오게 해서 몸을 만져봅니다. 순순히 입을 보여주면 입을 벌려보고, '캭' 하고 화를 내면 그 틈에 혀를 보거나 가랑이 부분을 만져서 맥을 짚어봅니다. 만지는 것에 거부감을 가지고 있는지 없는지는 성격으로 체질을 알 수 있는 소중한 정보입니다. 그러면 다음과 같이 예측하기도 하지요.

'예민한 모습을 보이는 걸 보니 '간(肝, '기'를 돌게 하는 기능)'이 나쁠 수도 있겠군.'

'바르르 떠는 걸 보니 신(腎, 생명 에너지를 축적하는 기능)이 약한 건지도 몰라.'

전신을 만지면서 단단한 곳은 없는지, 차갑거나 뜨거운 곳은 없는지 등 다양한 정보를 진단 자료로 모으며 신체의 여러 균형 상태를 살펴봅니다. 그런 다음 동양의학 이론에 기초해서 '증(証, 증상이나 체질에 의한 분류)'을 정하고 치료법을 결정합니다.

치료를 할 때는 한방약을 처방하거나 마사지를 해주고 침, 뜸을 뜨기도 합니다. 영양제를 처방하는 경우도 있습니다. 체

질이나 증상의 경과 단계를 개체차에 맞춰 다양하게 조합해서 치료하는 것이 동양의학의 특징입니다.

한방약과 침구치료는 어떤 것일까?

한방약은 식물 등의 천연재료를 가공한 여러 종류의 생약을 조합하여 만듭니다. 여러 종류를 조합하기 때문에 갖가지 약효 성분이 포함됩니다. 하나의 한방약으로 다양한 증상에 효과를 줄 수 있는 것이지요. 예를 들면 걸쭉 체질(혈의 순환이 좋지 않음 · 어혈)의 고양이가 몸에 통증이 있다면 활혈약(活血薬)을, 예민 체질(기의 순환이 좋지 않음 · 기체)의 고양이에게 초조함을 진정시키는 이기약(理気薬)을 처방하는 것입니다.

한방약은 부드러운 효과를 발휘하여 이상 증상을 개선합니다. 동물용 한방약은 대부분 알약 형태이지만, 식성이 좋아서 뭐든지 잘 먹는 고양이라면 분말 형태의 약도 사용합니다. 다만 한방약을 완강히 거부할 수 있으므로 무리해서 먹이면 스트레스를 주기 때문에 복용 여부는 집사에게 맡겨드립니다. 한방약을 먹지 않는 고양이는 '가정 케어'를 추천합니다.

초진 후 1~2주 뒤에 다시 내원하게 해서 변화가 있는지 살펴봅니다. 한방약 처방이나 식사 지도를 했음에도 별다른 변화가 없으면 "침을 맞아봅시다", "온열치료를 해봅시다"라든가 "댁에서 이런 마사지를 해보세요" 등 다음 대책을 강구합니다.

침은 '기혈(氣血)'의 정체를 해소하고 기의 부족을 보충하기 위해서 스위치를 켜는 것과 같습니다. 또 몸에 쌓인 열을 없애는 데도 효과가 있습니다. 열이 쌓이기 쉬운 경혈에 침을 놓으면 불과 몇 분 만에 열이 쑥 내려가기도 합니다. 인간용 침이지만 통증은 거의 느끼지 않을 것입니다. 또한 몸을 따뜻하게 하는 힘이 약한 고양이에게는 온열치료가 효과적입니다. 치료를 받는 고양이들을 보면 기분이 좋아지는지 얌전하게 있답니다.

초진이라면 치료 방침이 정해질 때까지 여러 차례 통원을 권유합니다. 보통 고양이는 1개월에 한 번 정도입니다. 사실은 1~2주마다 좀 더 자세히 상태를 살펴보고 싶지만, 통원이 스트레스가 될 수 있으므로 충분한 시간차를 둡니다. 시니어 고양이의 건강 유지나 미병에 대한 대응 등 관리를 목적으로 통원하는 경우라면 2~3개월에 한 번 정도입니다.

고양이에게 부담을 주지 않는 치료를 한다

"한방약과 침과 온열치료 중 어느 것이 제일 효과가 있나요?"라는 질문을 많이 받습니다. '어느 것이 제일'이라는 건 없고 모두 효과가 있습니다. 개체차나 증상에 따라 선택하는 것이라서 모두 중요합니다. 예를 들면 헤르니아(탈장, 장기의 일부가 원래 있어야 할 장소에서 벗어난 상태를 말한다_역자주)는 한방약으로 다스립니다. 증상에 따라 침과 한방약을 병용하는 쪽이 순조로울 때도 있고, 경증으로 1개월에 한 번만 통원한다면 침만 써도 괜찮으므로 다양하게 조합할 수 있습니다.

가능한 한 고양이가 스트레스를 느끼지 않는 치료를 하고 있습니다. 또 통원 간격을 넓힐 수 있도록 마음을 쓰고 있습니다. 고양이들은 외출 자체가 스트레스여서 잔뜩 긴장한 채 병원을 찾아옵니다. 체질에 따라 통원이 부담이 될 수 있다는 것을 알아주세요.

고양이를 행복하게 하는 동양의학

동양의학으로 건강하게 장수하는 고양이들

새끼 고양이 때부터 건강하게 오래 살 수 있도록 관리한다면 그보다 좋은 일은 없습니다. 이미 성묘이거나 시니어기에 들어와 있다고 해서 늦은 것도 아닙니다. 동양의학적인 케어는 고양이와 행복한 시간을 보내는 데 매우 효과적입니다. 고양이 자신이 괴로움을 겪는 일 없이 오래도록 온화한 나날을 보낼 수 있기 때문입니다.

그동안 진료한 고양이들의 사례를 소개하겠습니다.

고령인데도 마지막까지 건강했던 뷰티(22세 8개월)

"왜 그런지 잘 움직이지를 못해요"라는 집사의 호소로 진찰을 시작한 건 뷰티 짱이 스무 살 때입니다. 잡종 고양이 암컷으로 인간으로 치면 96세. 상당한 고령이지만, 처음 만났을 때 '자네는 누구신가?' 하는 느낌으로 조용히 나를 바라보던 당당한 미인이었습니다.

원래는 지역 고양이(지역 주민이 공동으로 사육, 관리하는 고양이_역자주) 출신으로, 10세 이후부터 가정에서 길러졌다고 합니다. 15세쯤 일반 동물병원에서 정기검진을 받고, 신장 기능이 저하되었다는 진단이 나와 약을 먹기 시작했다고 합니다. 무릎의 변형성 관절증과 변형성 척추증이라는 지병이 있는 데다, 때때로 관절통도 있었기 때문에 통증이 심할 때는 진통제로 버텼다고 합니다.

진찰할 당시 낮은 턱에도 올라가지 못하고, 배설할 때 힘을 주기도 힘든 상태였습니다. 고령이기 때문에 '기'와 '수'가 모두 부족해서 체내가 말라 있었던 것입니다. 장마철의 무더운 시기에는 날씨의 영향으로 관절통이 심해질 수 있기 때문에 침으로 통증을 없애고 기를 보충하고 한방약으로 혈류를 개선했습니다.

정기적으로 통원을 하고, 꾸준히 침구와 마사지, 한방약 치료를 했습니다. 집사에게도 그때그때의 몸 상태에 맞는 경혈을 알려주고 마사지나 뜸으로 가정 케어를 하도록 했습니다. 그러자 건강이 눈에 띄게 호전되고 여전히 마르기는 했지만 밥도 줄곧 혼자 힘으로 먹을 수 있게 되었습니다.

뷰티 짱은 스무 살부터 약 2년 반 동안 온화한 날들을 보낸 후 22세 8개월로 천수를 누렸습니다. 인간으로 치면 106세 정도입니다. 집사가 고양이와 함께 동양의학적 치료에 힘써주어 오래도록 기억에 남습니다. 집사도 처음에는 "나이 먹은 고양이가 어떻게 될지 잘 모르겠어요" 하며 당황했지만, 항상 긍정적인 뷰티 짱의 모습을 보며 오히려 우리가 용기를 얻었습니다.

갑상선 증상이 가라앉은 모모(18세 8개월)

화려하고 가지런한 털이 자랑인 모모 짱은 마이웨이 기질을 가진 데다 부끄럼을 타는 암컷 잡종 고양이입니다. 병을 앓은 적도 없고 병원에 가는 일도 거의 없이 자랐습니다. 완전히 실내에서만 생활하고, 건식사료를 중심으로 매일 생선구이를 먹으며 행복한 가정생활을 만끽하는 고양이였습니다.

그러다 15세에 갑자기 아무것도 먹지 않고 토한다며 축 늘어진 상태로 급히 입원하게 되었습니다. 진단 결과 갑상선기능항진증이었는데, 우선은 수액주사로 기운을 회복시켰습니다. 다행이었지만 기운을 차리자마자 병원에서 잔뜩 화를 내는 겁니다. '큰 소리로 자주 운다', '시니어인데도 활발하다'는 것이 갑상선기능항진증에서 나타나는 증상입니다. 부끄럼을 타는 모모짱의 성격을 고려해서 입원보다는 가정에서 돌보면서 증상 완화를 기다려보기로 하고 돌려보냈습니다.

갑상선이 안정되니 만성신장병 증상이 나타났습니다. 신장 자체를 치료할 수는 없고, 구토와 탈수 같은 증상을 억제하는 대증요법(對症療法, 병의 원인을 찾아 없애기 곤란한 상황에서 겉으로 나타난 병의 증상에 대응하여 처치를 하는 치료법_역자주)이 중심이 되기 때문에 동양의학에 따른 케어를 해나갔습니다.

동양의학적 진단명은 '신양허(腎陽虛)'. 몸을 기능하게 하고 따뜻하게 하는 에너지의 원천인 '신양(腎陽, 신(腎)의 생리적 기능의 동력이 되며 생명 활동에서 힘의 근원이 되는 신의 양기(陽氣)_역자주)'이 부족한 상태입니다. 집사에게는 고양이가 추위를 잘 타니 몸을 차게 하지 않도록 유의할 것을 당부하고, 정기적으로 왕진해서 기의 순환이 좋아지는 마사지를 받게 했습니다.

고양이의 스트레스를 줄이는 데는 병원에서 행하는 처치를 최소한으로 하는 것이 중요합니다. 모모 짱은 기분에 따라 마사지를 하게 할 때도, 못 하게 할 때도 있었지만 왕진 때마다 피하수액은 빠짐없이 놓아주었습니다. 이미 갑상선 약을 먹고 있었기 때문에 한방약 처방은 하지 않았습니다.

2~3개월마다 하는 혈액검사 수치는 그다지 좋지 않았지만, 컨디션이 안정되어 3년 이상이나 평온한 날들을 보낼 수 있었습니다. 18세 8개월로 하늘의 부름을 받은 모모 짱은 집을 좋아하는 부끄럼쟁이 고양이의 본모습을 가르쳐주었습니다.

만성신장병을 잘 다스린 시로키(19세)

시로키 짱은 스코티시폴드 수컷으로, 표정이 풍부하고 밉지 않은 개성파입니다. 현재 19세로, 4년 전인 15세 때 만났습니다. 첫 검사에서 만성신장병 2기 진단을 받았습니다. 만성신장병은 1~4단계까지 4기로 나누어지는데, 2기는 신기능이 정상의 4분의 1로 저하되어 소변을 많이 보기 때문에 물을 많이 마시는 상태입니다. 다음다뇨(多飮多尿, 물을 많이 마시고 소변을 많이 보는 증상_역자주) 증상은 신장병을 조기에 발견하는 계기가 되기도 합니다. 아마 시로키 짱은 예전부터 자주 토하고 몸에는 열감이 있었을 것입니다.

집사가 고양이에게 편안한 치료나 간병을 했으면 좋겠다고 희망하여 동양의학으로 케어했습니다. 집사는 동양의학에 이해가 깊은 분으로, 체질이나 식사 조언 등에 열심히 따르고 계십니다. 시로키 짱이 먹기 편하도록 질 좋은 음식이나 야채 페이스트(갈거나 개어서 풀처럼 만든 식품_역자주)를 만들어주기도 하고, 매일 식사한 내용이나 배설 상태를 꼼꼼하게 기록하여 진료도 순조롭게 진행되고 있습니다.

2개월마다 내원하여 당시 병원에서 동양의학 외래를 담당하던 나와 내과 수의사와 함께 정기검진을 하고, 그때마다 병원에서 수액주사를 놓았습니다. 17세 여름에 구토가 계속되고부터는 집사가 가정에서 피하수액을 놓기로 했습니다. 병원에서 2개월에 한 번 맞는 수액이 부족할 것 같아 가정에서 주 2회로 늘렸더니 몸의 열감이 없어지고 상태가 무척 좋아졌습니다.

마사지도 그다지 좋아하지 않고, 치료가 끝나면 빨리 집에 가고 싶어 하던 시로키 짱이지만, 전기온열기로 경혈을 따뜻하게 해주니 상당히 마음에 들었던 모양입니다. 진찰대에서 길게 기지개를 하며 '이대로 여기 더 있고 싶어'라는 듯 온몸으로 표현해주었습니다. 만성신장병 증상 완화에는 동양의학적인 케어가 효과가 있다는 의미겠지요.

침으로 천식 발작을 완화시킨 구루루(11세)

다정한 눈을 가진 구루루 짱은 수컷 러시안블루입니다. 현재 11세로, 정확히 시니어기에 들어선 직후입니다. 지병으로

천식을 앓고 있어서 기침 발작이 시작되면 괴로운 듯한 호흡을 하더군요. 줄곧 서양의학으로 치료를 받아왔지만 나아지지 않았다고 합니다. 다른 방법을 시도해보고 싶다는 집사의 요청으로 2년 전부터 직접 진료하고 있습니다.

동양의학의 관점으로 천식은 그 경과에 따라 원인이 다양합니다. 구루루 짱의 경우는 장기간에 걸쳐 천식을 앓아왔기 때문에 폐(肺)와 신(腎)의 기가 상당히 부족한 상태였습니다. 폐는 적당한 습기를 좋아하는 장기라서 수분 섭취가 중요한데, 고양이는 본래 수분을 별로 섭취하지 않는 동물이니 문제가 생깁니다. 게다가 개보다 스트레스에 약하고, 장기간의 통원 스트레스 때문에 기가 부족하거나 흐름이 나빠지기 쉬운 것입니다.

구루루 짱은 한방약을 거부해서 침과 마사지 요법을 병행하기로 했습니다. 다행히 무척 온순한 성격으로 집사가 함께 있으면 침 치료도 수월하여 폐와 신의 기를 보충하여 기침을 멎게 하고, 호흡을 편하게 하는 경혈에 침을 놓고 있습니다.

치료 당일 구루루 짱의 상태를 살피며 1~2개월에 한 번씩 5개 전후의 침치료를 꾸준히 하고 있습니다. 계절의 변화에 따라 기침은 조금 남아있지만 양약 없이도 좋은 상태를 유지하고 있습니다. 시술 중에 '침은 좋아하지는 않지만 조금이라면 괜찮아' 하는 눈빛으로 슬며시 마음을 전하는 다정한 구루루 짱입니다.

흔히 천식치료에 사용되는 스테로이드제의 부작용을 걱정하는 의견도 많습니다. 침은 그런 걱정을 덜어주기 때문에 고양이와 집사 모두 안심할 수 있습니다.

스트레스성 과잉 그루밍이 나아진 히메코(3세 8개월)

마지막으로 소개할 고양이는 스코티시폴드 암컷 고양이 히메코 짱으로, 젊은 나이인 3세 8개월입니다. 히메코 짱은 펫 호텔에 숙박한 후부터 배와 허벅지를 끊임없이 핥아 털이 빠져서 푸석푸석해지고 피부염이 생긴 상태였습니다.

앞서 언급했던 집요하게 계속해서 몸을 핥는 '과잉 그루밍'은 고양이가 자주 보이는 문제 행동입니다. 낯선 곳에서 자야 한다는 스트레스가 원인이 되어 증상이 생겼다고 보는데, 어쩌면 가려움일지도 모릅니다. 그들은 끊임없이 몸을 가려워합

니다. 피부과에서 처방받은 약을 바르고 상태가 좋아지면 또 핥아서 피부염을 일으킵니다.

스테로이드 성분의 약을 먹으면 과잉 그루밍은 일단 가라앉지만, 약을 끊으면 다시 핥기를 반복하면서 1년이 지난 상태였습니다. 집사는 피부과 전문 수의사에게 '아직 젊은데 양약과는 다른 방법으로 스테로이드를 줄일 수 없을까요?'라며 상담을 했고, 나를 소개받아 동양의학 치료를 시작했습니다.

먼저 몸 안팎의 균형 상태를 확인했습니다. 히메코 짱은 성격은 온화하지만 털은 푸석푸석하고 몸에 강한 열감이 있었습니다. 피부과로 장기 통원을 하는 통에 기가 부족해지고 몸을 식히는 음이 부족한 더위 체질(음허)을 보였습니다. 음(陰)이 부족한 고양이는 작은 자극에도 예민해집니다. 과잉 그루밍을 하는 행동의 이면에는 근본적인 요인이 되는 체질이 자리합니다.

피부염보다 체질을 바꾸는 것부터 최우선으로 하고, 체질 개선을 위해 한방약을 복용시켰습니다. 한 달이 지나도 여전히 배를 핥기는 하지만, 털이 전체적으로 부드러워지고 윤기가 나기 시작했습니다. 그 후에도 열감이나 가려워하는 행동은 계속 되었기 때문에 이번에는 열을 제거하고 마음을 안정시키는 한방약을 추가했습니다. 그러자 배를 핥는 횟수는 줄었지만, 여전히 허벅지를 자주 핥는 문제가 있었습니다. 엑스선검사를 했더니 뒷다리의 슬개골(종지뼈)이 탈구(관절을 구성하는 뼈마디, 연골, 인대 따위의 조직이 정상적인 운동 범위를 벗어나 위치가 바뀌는 것_역자주)되어 있었습니다. 일상생활에는 문제가 없는 수준이라 수술은 하지 않고 한 달에 한 번 침치료를 했습니다. 이와 더불어 마음을 안정시키고 관절의 통증을 가볍게 하는 한방약으로 바꾸었습니다. 또 빠졌던 털이 원래대로 돌아와서 몸을 따뜻하게 하기보다 기를 보충하는 한방약을 추가했습니다.

초진을 받고 1년 반 후부터 히메코 짱은 몰라볼 만큼 부드럽고 반짝반짝 윤이 나는 털을 가진 아가씨가 되었습니다. 젊을 때부터 어딘가에 트러블이 있는 고양이는 원래부터 기가 부족한 경향을 보입니다. 나이와 관계없이 동양의학적인 케어로 일찍부터 관리를 시작할 것을 추천합니다.

그 아이답게 사는 것이 행복이다

최근에는 동물의 'QOL(quality of life, 삶의 질)'에 관심이 모아지고 있습니다. 높은 QOL을 유지하고 나이가 들어도 평온한 마지막을 기대할 수 있는 것도 동양의학이 지닌 좋은 점입니다. 고양이의 심신에 부담이 적은 동양의학으로 그 아이다움을 지키면서 건강수명을 늘릴 수 있습니다.

동양의학적인 치료와 케어는 체내에 기를 돌게 하여 생명력을 길러주어 고양이가 무리하지 않는 생활을 할 수 있게 합니다. 또 이 책에서 언급한 동양의학 지식을 습득하여 조금 일찍부터 케어를 한다면, 고양이가 갑자기 병이 나서 치료로 힘든 경험을 하는 일을 예방할 수 있습니다.

미병 단계에서 대처하여 병이 되지 않게 관리하는 일은 고양이와 인간 모두에게 필요한 자세입니다. 사랑하는 고양이와 함께 건강하게, 그리고 행복하게 지낼 수 있도록 동양의학의 지혜와 케어가 도움이 되기를 바랍니다.

맺음말

늘 고양이에게는 신비한 힘이 있다고 생각합니다. 신입 수의사 시절, 당당하고 초연한 고양이라는 존재에 매료되어 위로받았습니다. 자유로운 고양이의 모습은 어느 사이에 나의 이상이 되었습니다. 처음으로 길렀던 자그마한 검은 고양이는 그 작은 목숨을 걸고 '고양이의 치료는 고양이를 방해하지 않는 것'임을 가르쳐주었습니다.

고양이들이 가진 힘을 최대한 살릴 수 있다는 점에서 동양의학적인 진단은 의의가 있습니다. 이 책과의 만남으로 고양이를 좋아하는 분들이 새로운 발견을 하나라도 하신다면 그보다 기쁜 일은 없을 것입니다.

지금까지 만난 모든 고양이와 집사분들, 늘 지지해주신 세이조 고바야시 동물병원의 스태프, 이 책이 나오기까지 힘을 다해주신 사쿠라샤의 후루야 편집장님, 마쓰우라 씨, 관계자 여러분들께 진심으로 고맙다는 말씀을 드립니다.

아코 홀리스틱 벳 케어(AKO Holistic Vet care) 원장
야마우치 아키코

집사라면 꼭 알아야 할 한방 홈케어

우리 고양이는 만수무강 체질

초판 1쇄 인쇄 2021년 4월 7일
초판 1쇄 발행 2021년 4월 15일

지은이 야마우치 아키코
옮긴이 최미혜
감수 신사경
펴낸이 이범상

펴낸곳 (주)비전비엔피 · 이덴슬리벨
기획 편집 이경원 현민경 차재호 김승희 김연희 고연경 최유진 황서연 김태은 박승연
디자인 최원영 이상재 한우리
마케팅 이성호 최은석 전상미
전자책 김성화 김희정 이병준
관리 이다정

주소 우)04034 서울특별시 마포구 잔다리로7길 12 1F
전화 02)338-2411 | **팩스** 02)338-2413
홈페이지 www.visionbp.co.kr
이메일 visioncorea@naver.com
원고투고 editor@visionbp.co.kr
인스타그램 www.instagram.com/visioncorea
포스트 post.naver.com/visioncorea

등록번호 제2009-000096호

ISBN 979-11-88053-69-8 03520

• 값은 뒤표지에 있습니다.
• 파본이나 잘못된 책은 구입처에서 교환해 드립니다.

도서에 대한 소식과 콘텐츠를
받아보고 싶으신가요?